EUROPA-FACHBUCHREIHE
für den Physikunterricht

Formeln Physik

6. Auflage

Bearbeitet von Lehrern an Berufsschulen, Berufskollegs, Berufsaufbauschulen, Fachschulen und Gymnasien (siehe Rückseite)

VERLAG EUROPA-LEHRMITTEL · Nourney, Vollmer GmbH & Co. KG
Düsselberger Straße 23 · 42781 Haan-Gruiten

Europa-Nr.: 70113

Autoren:

Kurt Drescher	Dipl.-Phys., Studiendirektor	Friedrichshafen
Alfred Dyballa	Studiendirektor	Detmold
Ulrich Maier	Dr. rer. nat., Oberstudienrat	Heilbronn
Gerhard Mangold	Dipl.-Ing., Studienprofessor	Tettnang, Biberach
Oskar Meyer	Dr. rer. nat., Oberstudiendirektor	Tübingen
Udo Nimmerrichter	Oberstudiendirektor	Friedrichshafen

Bildbearbeitung:

Zeichenbüro des Verlags Europa-Lehrmittel GmbH & Co. KG
73760 Ostfildern

Lektorat:

Oberstudiendirektor Dr. Oskar Meyer, Tübingen

> Das vorliegende Buch wurde auf Grundlage der neuen amtlichen Rechtschreibregeln erstellt.

6. Auflage 2011
Druck 5 4 3 2 1
Alle Drucke derselben Auflage sind parallel einsetzbar.

ISBN 978-3-8085-7035-7

Alle Rechte vorbehalten. Das Werk ist urheberrechtlich geschützt. Jede Verwertung außerhalb der gesetzlich geregelten Fälle muss vom Verlag schriftlich genehmigt werden.

© 2011 by Verlag Europa-Lehrmittel, Nourney, Vollmer GmbH & Co. KG, 42781 Haan-Gruiten
http://www.europa-lehrmittel.de
Satz: Tutte Druckerei GmbH, Salzweg/Passau
Druck: Tutte Druckerei GmbH, Salzweg/Passau

Inhaltsverzeichnis

Mechanik
Dichte, Kräfte 5
Drehmoment, Hebelgesetz 5
Maschinenelemente 6
Reibung 6
Schiefe Ebene 7
Gleichförmige Bewegung 7
Beschleunigte Bewegungen 8
Waagrechter und schräger Wurf 8
Kreisbewegung 9
Arbeit, Leistung, Wirkungsgrad 9
Energie 10
Kepler'sche Gesetze 10
Gravitation 10
Impuls 11
Stoßgesetze 11
Drehimpuls 11

Technische Mechanik
Auflagerkräfte 12
Stabkräfte im Fachwerk 12
Festigkeitslehre 13
Massenträgheitsmoment 14

Mechanik der Flüssigkeiten und Gase
Statischer Druck 15
Gasdruck und Volumen 15

Strömungslehre
Stationäre, reibungsfreie Strömung 16
Innere Reibung stationärer,
 laminarer Strömungen 16
Strömungswiderstand von Körpern 16

Wärmelehre
Umrechnung von Temperaturen 17
Ausdehnung von Körpern 17
Gasgesetze für ideale Gase 17
Wärme und Wärmekapazität 18
Wärme bei Gasen 18
Wärmeleitung und Wärmewiderstand ... 18
Änderung des Aggregatzustandes 19
Kinetische Gastheorie 19

Optik
Reflexion und Brechung 20
Abbildungen 20
Optische Instrumente 21
Lichttechnische Größen 21

Elektrizitätslehre
Widerstand 22
Grundschaltungen 22
Gemischte Schaltungen 23
Erzeugerersatzschaltung 23
Messgeräte und Messschaltungen 24
Messschaltungen für Widerstände 24
Elektrische Arbeit 25
Gleichstromleistung 25
Grundgrößen des Wechselstromes 25
Wechselstromwiderstand 26
Schwingkreis 26
Elektrisches Feld 27
Kondensator 27
Laden und Entladen eines Kondensators 28
Magnetisches Feld 29
Induktion 29
Stromkreis mit Induktivität und
 Ohm'schem Widerstand 30
Transformator 31
Teilchen in elektrischen und
 magnetischen Feldern 31
Halleffekt 31

Schwingungen und Wellen
Grundbegriffe 32
Mechanische Schwingungen 32
Mechanische Wellen 33
Dopplereffekt (akustisch) 33
Akustische Größen 33

Wellenoptik und elektromagnetische Wellen
Interferenz 34
Beugung 34
Elektromagnetische Wellen 34

Atomphysik
Bohr'sches Atommodell 35
Photon 35
Materiewellen 35
Heisenberg'sche Unbestimmtheitsrelation 35

Kernphysik
Radioaktiver Zerfall 36
Natürliche Kernumwandlungen 36
Atomkern 36
Dosimetrie 36

Tabellen

Tabelle 1: Wichtige Naturkonstanten 37
Tabelle 2: SI-Basisgrößen und Basiseinheiten 38
Tabelle 3: Vorsätze zu den Einheiten 38
Tabelle 4: Dichten 38
Tabelle 5: Gravitation 39
Tabelle 6: Atmosphärische Werte 40
Tabelle 7: Reibzahlen 40
Tabelle 8: Fahrzeugform und Luftwiderstandszahlen 41
Tabelle 9: Elastizitätsmodul 41
Tabelle 10: Dynamische Viskosität von Flüssigkeiten und Gasen 41
Tabelle 11: Werte zur Wärmelehre 42
Tabelle 12: Brechzahlen 43
Tabelle 13: Spezifischer Widerstand und Temperaturkoeffizient von metallischen Leitern 43
Tabelle 14: Spezifischer Widerstand von Flüssigkeiten, schlechten Leitern und Isolatoren 43
Tabelle 15: Hall-Konstanten 43
Tabelle 16: Permittivitätszahlen 44
Tabelle 17: Permeabilitätszahlen 44
Tabelle 18: Schallgeschwindigkeiten 45
Tabelle 19: Akustische Messwerte 45
Tabelle 20: Spektrallinien 45
Tabelle 21: Wichtige radioaktive Nuklide 46
Tabelle 22: Natürliche radioaktive Zerfallsreihen 47

Stichwortverzeichnis 48

Hintere Umschlaginnenseite: Periodensystem

Mechanik

Dichte, Kräfte

Dichte	$\rho = \dfrac{m}{V}$	ρ m V	Dichte Masse Volumen	$kg \cdot m^{-3}$ kg m^3
Kräfteaddition Kräftezerlegung	$\vec{F} = \vec{F_1} + \vec{F_2} + \ldots$	F F_1, F_2	Ersatzkraft oder zu zerlegende Kraft Teilkräfte	N N
Kräftegleichgewicht	$\vec{F_1} + \vec{F_2} + \ldots = 0$	F_1, F_2	Teilkräfte	N
Elastische Verformung	$\Delta F = D \cdot \Delta s$	ΔF Δs D	Kraftänderung Längenänderung Richtgröße	N m $N \cdot m^{-1}$
Masse und Gewichtskraft	$\vec{F_G} = m \cdot \vec{g}$	F_G m g	Gewichtskraft Masse Fallbeschleunigung	N kg $m \cdot s^{-2}$
Auflagedruck	$p = \dfrac{F}{A}$	p F A	Druck Kraft senkrecht zur Fläche Auflagefläche	$N \cdot m^{-2}$ N m^2

Drehmoment, Hebelgesetz

Drehmoment	$\vec{M} = \vec{r} \times \vec{F}$ $M = r_0 \cdot F$ $r_0 = r \cdot \sin \varphi$	M r r_0 φ	Drehmoment Hebelarm wirksamer Hebelarm Winkel zwischen $\vec{r}$ und $\vec{F}$	$N \cdot m$ m m
Gleichgewicht am Hebel	$\sum \vec{M} = 0$ $\sum M_l = \sum M_r$	M_l M_r	linksdrehendes Moment rechtsdrehendes Moment	$N \cdot m$ $N \cdot m$

Mechanik

Maschinenelemente

Riementriebe und Zahnradtriebe	$i = \dfrac{n_1}{n_2}$	i Übersetzungsverhältnis Index 1 für Eingang (treibend) Index 2 für Ausgang (getrieben)	
Riementrieb	$i = \dfrac{d_2}{d_1}$ $d_1 \cdot n_1 = d_2 \cdot n_2$	n Drehzahl (Drehfrequenz) d Durchmesser	s^{-1}, min^{-1} m
Zahnradtrieb	$i = \dfrac{z_2}{z_1}$ $z_1 \cdot n_1 = z_2 \cdot n_2$	z Zahl der Zähne	
Flaschenzug	Ohne Berücksichtigung der Reibung: $F_1 = \dfrac{F_2}{n}$ $\Delta s_2 = \dfrac{\Delta s_1}{n}$	F_1 Kraft F_2 Last (einschließlich Unterflasche) Δs_1 Kraftweg Δs_2 Lastweg n Zahl der Rollen	N N m m
Schraubenflaschenzug	Ohne Berücksichtung der Reibung und der Kettenmasse: $F_1 = \dfrac{F_2 \cdot d_2 \cdot z_1}{2 \cdot d_1 \cdot z_2}$	F_1 Kraft an der Haspelkette F_2 Last d_1 Durchmesser des Haspelrades d_2 Durchmesser der Kettennuss z_1 Zähnezahl der Schnecke z_2 Zähnezahl des Schneckenrades	N N m m

Reibung

Gleitreibung und Rollreibung	$F_R = \mu \cdot F_N$	F_R Gleitreibkraft, Rollreibkraft μ Gleitreibzahl, Rollreibzahl F_N Normalkraft	N N
Haftreibung	$F_{R0} = \mu_0 \cdot F_N$	F_{R0} Maximalwert der Haftreibkraft μ_0 Haftreibzahl	N
Fahrwiderstand	$F_{Rw} = \mu_w \cdot F_N$	F_{Rw} Fahrwiderstandskraft μ_w Fahrwiderstandszahl	N

Mechanik

Schiefe Ebene

Ohne Reibung

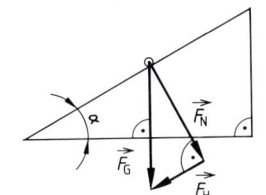

$F_H = F_G \cdot \sin \alpha$

$F_N = F_G \cdot \cos \alpha$

$\vec{F_G} = \vec{F_H} + \vec{F_N}$

F_H	Hangabtriebskraft	N
F_G	Gewichtskraft	N
α	Neigungswinkel, Steigungswinkel	
F_N	Normalkraft	N

Keil

$F_N = \dfrac{F}{2 \cdot \sin(\beta/2)}$

Bei Selbsthemmung:

$\tan \dfrac{\beta}{2} < \mu_0$

$F_L = \dfrac{1}{2} \cdot c_w \cdot \rho \cdot A \cdot v^2$

F_N	Normalkraft auf eine Wange des Keils	N
F	Vorschubkraft auf den Rücken des Keils beim Eintreiben	N
β	Keilwinkel	
μ_0	Haftreibzahl	
F_L	Luftwiederstand	

Gleichförmige Bewegung

Geschwindigkeit

$\vec{v} = \dfrac{\vec{s}}{t}$

$v = \dfrac{s}{t}$

v	Geschwindigkeit	m · s^{-1}
s	Weg	m
t	Zeit	s

Zusammensetzung von Geschwindigkeiten

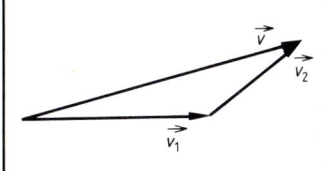

$\vec{v} = \vec{v_1} + \vec{v_2}$

v	Geschwindigkeit	m · s^{-1}
$v_1; v_2$	Teilgeschwindigkeiten	m · s^{-1}

Zerlegung in Teilgeschwindigkeiten

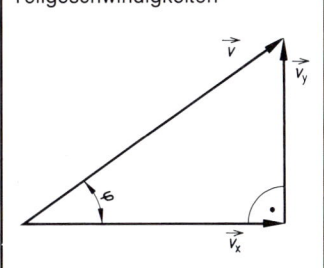

$v_x = v \cdot \cos \varphi$

$v_y = v \cdot \sin \varphi$

$\tan \varphi = \dfrac{v_y}{v_x}$

$\varphi = \arctan \dfrac{v_y}{v_x}$

v_x	Teilgeschwindigkeit in x-Richtung	m · s^{-1}
v_y	Teilgeschwindigkeit in y-Richtung	m · s^{-1}
v	Geschwindigkeit	m · s^{-1}
φ	Winkel zwischen $\vec{v}$ und $\vec{v_x}$	

Mechanik

Beschleunigte Bewegungen

Beschleunigung	$\vec{a} = \Delta\vec{v}/\Delta t$ $a = \Delta v/\Delta t$	a Δv Δt	Beschleunigung Geschwindigkeitsveränderung Zeitspanne	$m \cdot s^{-2}$ $m \cdot s^{-1}$ s
Grundgesetz der Mechanik	$\vec{F} = m \cdot \vec{a}$ $F = m \cdot a$ $F_G = m \cdot g$	F m a F_G g	Kraft zum Beschleunigen Masse Beschleunigung Gewichtskraft Fallbeschleunigung	N kg $m \cdot s^{-2}$ N $m \cdot s^{-2}$
Gleichmäßig beschleunigte Bewegung ohne Anfangsgeschwindigkeit; freier Fall	$\vec{v} = \vec{a} \cdot t$ $v = a \cdot t$ $\vec{s} = \frac{1}{2} \cdot \vec{a} \cdot t^2$ $s = \frac{1}{2} \cdot a \cdot t^2$	v a t s	Geschwindigkeit Beschleunigung $= g$ für Fall Zeit Weg	$m \cdot s^{-1}$ $m \cdot s^{-2}$ $m \cdot s^{-2}$ s m
Beschleunigte Bewegung mit Anfangsgeschwindigkeit; senkrechter Wurf nach unten	$v = v_0 + a \cdot t$ $s = v_0 \cdot t + \frac{1}{2} \cdot a \cdot t^2$ $v = \sqrt{v_0^2 + 2 \cdot a \cdot s}$ $S = \frac{1}{2} \cdot a \cdot t^2 + v_0 \cdot t \cdot s_0$	v v_0 a a t s	Geschwindigkeit Anfangsgeschwindigkeit Beschleunigung $= g$ für Wurf Zeit Weg	$m \cdot s^{-1}$ $m \cdot s^{-1}$ $m \cdot s^{-2}$ $m \cdot s^{-2}$ s m
Bremsbewegung; senkrechter Wurf nach oben $\left(g = \frac{v_0}{t_{ges}}\right)$	$v = v_0 - a \cdot t$ $s = v_0 \cdot t - \frac{1}{2} \cdot a \cdot t^2$ $v = \sqrt{v_0^2 - 2 \cdot a \cdot s}$ $s_b = v_0^2/(2 \cdot a)$	v v_0 a a t s_b	Geschwindigkeit Anfangsgeschwindigkeit Verzögerung $= g$ für Wurf Zeit Bremsweg bzw. Wurfhöhe	$m \cdot s^{-1}$ $m \cdot s^{-1}$ $m \cdot s^{-2}$ $m \cdot s^{-2}$ s m

Waagrechter und schräger Wurf

Waagrechter Wurf 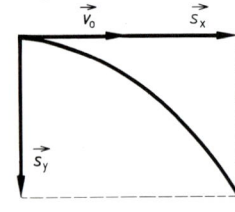	$v_x = v_0$ $v_y = g \cdot t$ $s_x = v_0 \cdot t$ $s_y = \frac{1}{2} \cdot g \cdot t^2$	v_x, v_y v_0 g t $g = a$	Geschwindigkeitskomponenten in x-, y-Richtung Anfangsgeschwindigkeit Fallbeschleunigung Zeit	$m \cdot s^{-1}$ $m \cdot s^{-1}$ $m \cdot s^{-2}$ s
Schräger Wurf 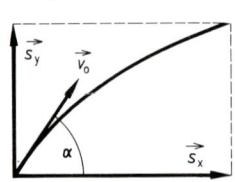	$v_x = v_0 \cdot \cos\alpha$ $v_y = v_0 \cdot \sin\alpha - g \cdot t$ $s_x = v_0 \cdot t \cdot \cos\alpha$ $s_y = v_0 \cdot t \cdot \sin\alpha - \frac{1}{2} \cdot g \cdot t^2$ $s_w = (v_0^2 \cdot \sin 2\alpha)/g$	s_x, s_y v_0 α t s_w	Wegkomponenten in x-, y- Richtung Anfangsgeschwindigkeit Abwurfwinkel Zeit Wurfweite	m $m \cdot s^{-1}$ s m

$S = \frac{v_0^2}{g} \cdot \sin 2\alpha$
$\sin 2\alpha = \frac{g \cdot s}{v_0^2}$
$\alpha = \frac{1}{2} \cdot \arcsin\left(\frac{g \cdot s}{v_0^2}\right)$

$v_0 = \sqrt{\frac{s \cdot g}{\sin 2\alpha}}$

$\omega = \frac{2\pi}{T} = 2\cdot \pi \cdot f$

Mechanik

Kreisbewegung

Gleichmäßige Kreisbewegung

$\varphi = \omega \cdot t$

$n = \dfrac{1}{T}$

$n = \dfrac{z}{t}$

$\omega = \dfrac{\Delta \varphi}{\Delta t}\ \left[\dfrac{rad}{s}\right]$

$\omega = 2\cdot \pi \cdot n$
$\omega = 2\cdot \pi \cdot f$

$v = \omega \cdot r$

$f = \left[\dfrac{1}{s}\right]$

$T = \dfrac{1}{f}$

Symbol	Bedeutung	Einheit
φ	Drehwinkel	
ω	Winkelgeschwindigkeit	s^{-1}
t	Zeit	s
n	Umdrehungsfrequenz, Drehzahl	$s^{-1};\ min^{-1}$
T	Umlaufzeit, Umdrehungszeit	s
z	Anzahl der Umdrehungen	
$\Delta \varphi$	In der Zeit Δt überstrichener Drehwinkel	
Δt	Zeitintervall	s
v	Umfangsgeschwindigkeit	$m\cdot s^{-1}$
r	Abstand von der Drehachse	m

$a = 9{,}81\ \dfrac{m}{s^2}$

$F_G = m\cdot g$

Kraft und Drehbewegung

waagerecht

$a_z = \dfrac{v^2}{r} = \omega^2 \cdot r$

$F_z = m\cdot a_z$

$\alpha = \arctan\left(\dfrac{r\cdot g}{v_0^2}\right)$

a_z	Zentripetalbeschleunigung	$m\cdot s^{-2}$
m	Masse	kg
r	Abstand von der Drehachse	m
F_z	Zentripetalkraft	N

$1\ rad \cdot 57{,}3\ \dfrac{°}{rad} = 57{,}3°$

Arbeit, Leistung, Wirkungsgrad

Arbeit

$W = \vec{F}\cdot \vec{s}$

$W = F\cdot s\cdot \cos\varphi$

$W = F_s \cdot s$

$\Delta W = F_s \cdot \Delta s$

$W = \Delta W_1 + \Delta W_2 + \ldots$

W	Arbeit	$J;\ N\cdot m$
F	Kraft	N
s	Weg	m
φ	Winkel zwischen $\vec{F}$ und $\vec{s}$	
F_s	Kraft in Wegrichtung	N
s	Weg	m
ΔW	Arbeitsdifferenz	J
Δs	Wegdifferenz	m
$\Delta W_1; \Delta W_2 \ldots$	Teilarbeiten	J

Mechanische Leistung

$P = \dfrac{W}{t}$

$P = \dfrac{F_s \cdot s}{t} = F_s \cdot v$

$P = M\cdot \omega$

P	Leistung	W
v	Geschwindigkeit	$m\cdot s^{-1}$
M	Drehmoment	$N\cdot m$
ω	Winkelgeschwindigkeit	s^{-1}

Wirkungsgrad

$\eta = \dfrac{P_{ab}}{P_{zu}} = \dfrac{W_{ab}}{W_{zu}}$

$\eta_{ers} = \eta_1 \cdot \eta_2 \cdot \ldots$

η	Wirkungsgrad	
P_{ab}	abgegebene Leistung	W
P_{zu}	zugeführte Leistung	W
W_{ab}	abgegebene Arbeit	J
W_{zu}	zugeführte Arbeit	J
η_{ers}	Ersatzwirkungsgrad	
$\eta_1; \eta_2$	Einzelwirkungsgrade	

$$E_E - E_A = W$$

Mechanik

Energie

Potenzielle Energie Lageenergie Hubarbeit	$W_p = m \cdot g \cdot \Delta h$ $E_{pot} = m \cdot g \cdot h$	W_p m g Δh	potenzielle Energie, Hubarbeit Masse Fallbeschleunigung Höhendifferenz	J kg $m \cdot s^{-2}$ m
Kinetische Energie Bewegungsenergie Beschleunigungsarbeit	$W_k = \frac{1}{2} \cdot m \cdot v^2$ $E_{kin} = \frac{1}{2} \cdot m \cdot v^2$	W_k v	kinetische Energie, Beschleunigungsarbeit Geschwindigkeit	J $m \cdot s^{-1}$
Spannenergie Spannarbeit	$W_s = \frac{1}{2} \cdot D \cdot s^2$	W_s D s	Spannenergie, Spannarbeit Richtgröße, Federkonstante Längenänderung der Feder vom entspannten Zustand aus	J $N \cdot m^{-1}$ m
Kinetische Energie der Rotation, Rotationsenergie	$W_k = \frac{1}{2} \cdot J \cdot \omega^2$	W_k J ω	Rotationsenergie Trägheitsmoment Winkelgeschwindigkeit	J $kg \cdot m^2$ s^{-1}
Energieerhaltungssatz der Mechanik	$W_p + W_k + W_s =$ konstant	W_p W_k W_s	potenzielle Energie kinetische Energie Spannenergie	J J J

Kepler'sche Gesetze

1. Die Planeten bewegen sich auf Ellipsen, in deren einem Brennpunkt die Sonne steht.
2. Der von einem Planeten zur Sonne gezogene Fahrstrahl überstreicht in gleichen Zeiten gleiche Flächen.
3. Die Quadrate der Umlaufzeiten T_1 und T_2 zweier Planeten verhalten sich wie die 3. Potenzen der großen Halbachsen a_1 und a_2 der Bahnellipsen.

3. Kepler'sches Gesetz	$\dfrac{T_1^2}{T_2^2} = \dfrac{a_1^3}{a_2^3}$	T_1, T_2 a_1, a_2	Umlaufzeiten große Halbachsen der Bahnellipsen	s m

Gravitation

Gravitationsgesetz	$F = G \cdot \dfrac{m_1 \cdot m_2}{r^2}$	F G m_1, m_2 r	Gravitationskraft Gravitationskonstante Massen Schwerpunktsabstand der beiden Massen	N $m^3 \cdot kg^{-1} \cdot s^{-2}$ kg m
Gravitationsbeschleunigung	Für $r \geq r_0$; $a = G \cdot \dfrac{m}{r^2}$	r_0 a m	Radius des Zentralkörpers Gravitationsbeschleunigung Masse des Zentralkörpers	m $m \cdot s^{-2}$ kg
Gravitationspotenzial	$V = -G \cdot \dfrac{m_1}{r}$	V m_1 r	Gravitationspotenzial felderzeugende Masse Abstand vom Schwerpunkt der felderzeugenden Masse	$J \cdot kg^{-1}$ kg m
Überführungsarbeit	$W = m_2 \cdot (V_2 - V_1)$ $W = G \cdot m_1 \cdot m_2 \cdot \left(\dfrac{1}{r_1} - \dfrac{1}{r_2}\right)$	W m_2 V_1, V_2 r_1, r_2	Überführungsarbeit überführte Masse Potenziale am Anfangs- bzw. am Endpunkt Abstand des Anfangs- bzw. des Endpunktes vom Schwerpunkt der felderzeugenden Masse	J kg $J \cdot kg^{-1}$ m

Federkraft
$F_F = k \cdot x$
$x =$ Ausdehnung/Stauchung [m]
$k =$ Federkonstante $\left[\dfrac{N}{m}\right]$
$F_F =$ Federkraft [N]

Mechanik

Impuls

Impuls und Kraftstoß (auch Bewegungsgröße)	$\vec{p} = m \cdot \vec{v}$ $F = \frac{m \cdot \Delta v}{\Delta t}$ $p = m \cdot v$ $\vec{F} \cdot \Delta t = \Delta \vec{p}$ $F \cdot \Delta t = \Delta p$	p m v $F \cdot \Delta t$ F Δt Δp	Impuls Masse Geschwindigkeit Kraftstoß Kraft Einwirkzeit der Kraft Impulsänderung	$kg \cdot m \cdot s^{-1}$ kg $m \cdot s^{-1}$ Ns N s $kg \cdot m \cdot s^{-1}$
Impulserhaltungssatz (zwei Körper im abgeschlossenen System)	$\vec{p_{1v}} + \vec{p_{2v}} = \vec{p_{1n}} + \vec{p_{2n}}$ Bewegung auf Gerade: $p_{1v} + p_{2v} = p_{1n} + p_{2n}$	p_{1v}, p_{2v} p_{1n}, p_{2n}	Impulse der Körper 1, 2 vor der Kraftwirkung Impulse der Körper 1, 2 nach der Kraftwirkung	$kg \cdot m \cdot s^{-1}$ $kg \cdot m \cdot s^{-1}$

Stoßgesetze

Unelastischer Stoß (ideal)	$v = \dfrac{m_1 \cdot v_{1v} + m_2 \cdot v_{2v}}{m_1 + m_2}$	m_1, m_2 v_{1v}, v_{2v} v_{1n}, v_{2n}	Massen der Körper 1, 2 Geschwindigkeiten der Körper 1, 2 vor dem Stoß Geschwindigkeiten der Körper 1, 2 nach dem Stoß	kg $m \cdot s^{-1}$ $m \cdot s^{-1}$
Elastischer Stoß (ideal)	$v_{1n} = 2 \cdot v - v_{1v}$ $v_{2n} = 2 \cdot v - v_{2v}$ mit $v = \dfrac{m_1 \cdot v_{1v} + m_2 \cdot v_{2v}}{m_1 + m_2}$	m_1, m_2 v_{1v}, v_{2v} v	Massen der Körper 1, 2 Geschwindigkeiten der Körper 1, 2 vor dem Stoß Geschwindigkeiten beider Körper nach dem Stoß	kg $m \cdot s^{-1}$ $m \cdot s^{-1}$

Drehimpuls

Winkelbeschleunigung Moment	$\vec{\alpha} = \dfrac{\vec{\omega_2} - \vec{\omega_1}}{\Delta t}$ $\alpha = \dfrac{\omega_2 - \omega_1}{\Delta t}$ $M = 2 \cdot \pi \cdot J \dfrac{n_2 - n_1}{\Delta t}$	α ω Δt n M J	Winkelbeschleunigung Winkelgeschwindigkeit Zeitspanne Umdrehungsfrequenz beschleunigendes Moment Trägheitsmoment	s^{-2} s^{-1} s s^{-1} $N \cdot m$ $kg \cdot m^2$
Drehimpuls	$\vec{L} = J \cdot \vec{\omega}$ $L = J \cdot \omega$ $\vec{M} \cdot \Delta t = \Delta \vec{L}$ $M \cdot \Delta t = \Delta L$	L J ω M Δt ΔL	Drehimpuls Trägheitsmoment Winkelgeschwindigkeit Moment Zeitspanne Drehimpulsänderung	$kg \cdot m^2 \cdot s^{-1}$ $kg \cdot m^2$ s^{-1} $N \cdot m$ s $kg \cdot m^2 \cdot s^{-1}$

Technische Mechanik

Auflagerkräfte

Kräftegleichgewicht	$\vec{F_1} + \vec{F_2} + ... + \vec{F_A} + \vec{F_B} = 0$	$F_1 ..., F_A, F_B$	Kräfte	N
Momentengleichgewicht	$\vec{M_1} + \vec{M_2} + ... + \vec{M_A} + \vec{M_B} = 0$	$M_1 ..., M_A, M_B$	Drehmomente	N·m

Stabkräfte im Fachwerk

Kräftegleichgewicht	$\vec{F_1} + \vec{F_2} + ... + \vec{F_A} + \vec{F_B} = 0$	$F_1 ..., F_A, F_B$	Kräfte	N
Momentengleichgewicht	$\vec{M_1} + \vec{M_2} + ... + \vec{M_A} + \vec{M_B} = 0$	$M_1 ..., M_A, M_B$	Drehmomente	N·m

Cremonaplan

Reihenfolge für das Zeichnen:
1. Auflagerkräfte bestimmen.
2. Im Lageplan Knotenpunkte (A, B, ...) und Stäbe (I, II, ...) bezeichnen.
3. Äußere Kräfte (Auflagerkräfte, gegebene Kräfte) in den Lageplan außerhalb des Fachwerks einzeichnen.
4. Kräftemaßstab wählen und das Krafteck der äußeren Kräfte zeichnen.
5. Krafteck der äußeren Kräfte durch Zeichnen der Kraftecke für die einzelnen Knoten zum Cremonaplan ergänzen. Dabei gleichen Kraftfolgesinn einhalten und jeweils nach Konstruktion eines Teilkraftecks sofort die Richtungen der Stabkräfte auf die Knoten in den Lageplan eintragen.

Lageplan (maßstäblich)

Kräfteplan (maßstäblich)

Zusammenfassung der Kraftecke (Cremonaplan)

Technische Mechanik

Festigkeitslehre

Mechanische Spannung	$\sigma_z = \dfrac{F_z}{A}$	σ_z	Zugspannung	$N \cdot m^{-2}$
		σ_d	Druckspannung	$N \cdot m^{-2}$
		τ	Scherspannung	$N \cdot m^{-2}$
	$\sigma_d = \dfrac{F_d}{A}$	F_z	Zugkraft	N
		F_d	Druckkraft	N
		F_s	Scherkraft	N
		A	unbelastete Querschnittsfläche	m^2
	$\tau = \dfrac{F_s}{A}$			
Sicherheitszahl	$v = \dfrac{\sigma_B}{\sigma_{zul}}$	v	Sicherheitszahl	
		σ_B	Bruchspannung	$N \cdot m^{-2}$
		σ_{zul}	höchstzulässige Spannung	$N \cdot m^{-2}$
Dehnung	$\epsilon = \dfrac{\Delta l}{l_0}$	ϵ	Dehnung	
		Δl	Verlängerung	m
		l_0	Ausgangslänge	m
Elastizitätsmodul	$E = \dfrac{\sigma}{\epsilon}$	E	Elastizitätsmodul	$N \cdot m^{-2}$
		σ	Spannung	$N \cdot m^{-2}$
		ϵ	Dehnung	
Biegemoment	$\vec{M_b} = -(\vec{M_1} + \vec{M_2} + ...)$	M_b	Biegemoment	$N \cdot m$
		M_1, M_2	äußere Drehmomente	$N \cdot m$
Querkraft	$\vec{F_q} = -(\vec{F_1} + \vec{F_2} + ...)$	F_q	Querkraft	N
		F_1, F_2	äußere Kräfte	N
Graphische Darstellung von Biegemoment und Querkraft				

Technische Mechanik

Festigkeitslehre

Biegewiderstandsmoment	$M_b = W_b \cdot \sigma_b$ $M_{bzul} = W_b \cdot \sigma_{bzul}$	M_b W_b σ_b M_{bzul} σ_{bzul}	Biegemoment Widerstandsmoment Randfaserspannung höchstzulässiges Biegemoment höchstzulässige Randfaserspannung	$N \cdot m$ m^3 $N \cdot m^{-2}$ $N \cdot m$ $N \cdot m^{-2}$

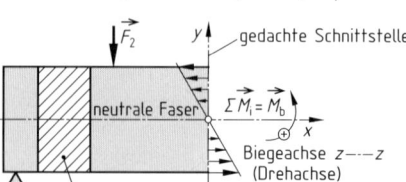

Biegewiderstandsmomente (Biegeachse z–z)

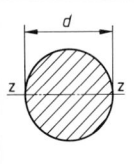	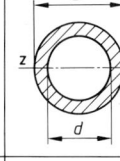	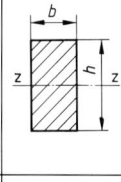	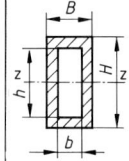	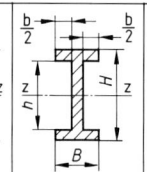	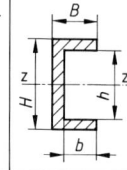
$W_b = \dfrac{\pi \cdot d^3}{32}$	$W_b = \dfrac{D^4 - d^4}{10 \cdot D}$	$W_b = \dfrac{b \cdot h^2}{6}$	$W_b = \dfrac{B \cdot H^3 - b \cdot h^3}{6 \cdot H}$		

Massenträgheitsmoment

Trägheitsmoment eines Massenpunktes	$J_i = m_i \cdot r_i^2$	J_i m_i r_i	Trägheitsmoment des Massenpunktes Massenpunkt senkrechter Abstand von der Drehachse	$kg \cdot m^2$ kg m
Trägheitsmoment eines Körpers	$J = \Sigma J_i$	J	Trägheitsmoment	$kg \cdot m^2$

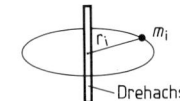

Trägheitsmomente von Drehkörpern

Zylinder	Kugel	Zylindermantel	Kreisscheibe
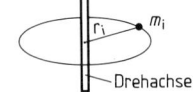	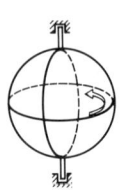	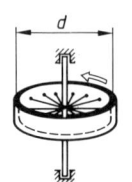	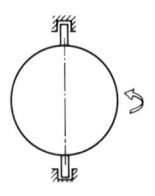
$J_s = \tfrac{1}{2} m \cdot r^2 = \tfrac{1}{8} m \cdot d^2$	$J_s = \tfrac{2}{5} m \cdot r^2 = \tfrac{1}{10} m \cdot d^2$	$J_s = m \cdot r^2 = \tfrac{1}{4} m \cdot d^2$	$J_s = \tfrac{1}{4} m \cdot r^2 = \tfrac{1}{16} m \cdot d^2$

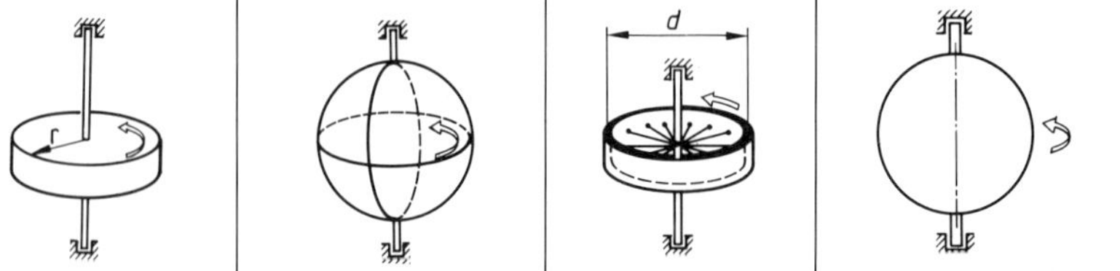

J_s Trägheitsmoment (Drehachse durch Schwerpunkt), m Masse des Körpers

$1\,Pa = 1\,\frac{N}{m^2} = 1\,\frac{kg}{m \cdot s^2}$

Mechanik der Flüssigkeiten und Gase

Statischer Druck

Stempeldruck

$p = \dfrac{F}{A}$

p	Stempeldruck	$N \cdot m^{-2} = Pa$
F	Kraft senkrecht zur Stempelfläche	N
A	Stempelfläche	m^2

Kraftwandler (hydraulische Presse)

$\dfrac{F_1}{F_2} = \dfrac{A_1}{A_2}$

$100\,bar = 100 \cdot 10^5\,Pa$
$1\,bar = 1 \cdot 10^5\,Pa$

F_1, F_2	Kräfte auf Stempel 1, 2	N
A_1, A_2	Flächen der Stempel 1, 2	m^2

Druckwandler

$\dfrac{p_1}{p_2} = \dfrac{A_2}{A_1}$

p_1, p_2	Drücke in den Zylindern 1, 2	$N \cdot m^{-2}$
A_1, A_2	Flächen der Stempel 1, 2	m^2

Hydrostatischer Druck

$p = g \cdot \rho \cdot h$

$\Delta p = g \cdot \rho \cdot \Delta h$

p	hydrost. Druck	$N \cdot m^{-2}$
g	Fallbeschleunigung	$m \cdot s^{-2}$
ρ	Dichte	$kg \cdot m^{-3}$
h	Tiefe unter Oberfläche	m
Δp	Druckänderung	$N \cdot m^{-2}$
ρ	mittl. Dichte im Bereich Δh	$kg \cdot m^{-3}$
Δh	Tiefenänderung	m

Barometrische Höhenformel

$p = p_0 \cdot e^{-h/h_0}$

$h_0 = 8030\,m \cdot (1 + \overline{\vartheta}/273\,K)$

p	Luftdruck in h	$N \cdot m^{-2} = Pa$
p_0	Luftdruck im Nullniveau	$N \cdot m^{-2}$
h	Höhe über Nullniveau	m
h_0	Höhe der gleichmäßigen Atmosphäre	m
$\overline{\vartheta}$	mittlere Temperatur	$°C$

Auftrieb

$F_A = F_2 - F_1$

$F_A = F_{Gv}$

F_A	Auftriebskraft	N
F_2	Kraft auf Bodenfläche	N
F_1	Kraft auf Deckfläche	N
F_{Gv}	Gewichtskraft der verdrängten Flüssigkeits- oder Gasmenge	N

Gasdruck und -volumen

Gesetz von Boyle-Mariotte

$p_1 \cdot V_1 = p_2 \cdot V_2$

(konstante Temperatur)

p_1, p_2	Druck beim Zustand 1, 2	$N \cdot m^{-2}$
V_1, V_2	Volumen beim Zustand 1, 2	m^3

Strömungslehre

Stationäre, reibungsfreie Strömung

Massenstromstärke	$\dot{m} = \dfrac{m}{t}$	m	Masse		kg
		t	Zeit		s
		$\dot{m}$	Massenstromstärke		$\text{kg} \cdot \text{s}^{-1}$
Volumenstromstärke	$\dot{V} = \dfrac{V}{t}$	$\dot{V}$	Volumenstromstärke		$\text{m}^3 \cdot \text{s}^{-1}$
		V	Volumen		m^3
Kontinuitätsgleichung	$\dot{m} =$ konstant				
	$\dot{V} =$ konstant				
Bernoulli'sche Gleichung	Rohrleitung horizontal:	p	Druck		$\text{N} \cdot \text{m}^{-2}$
		ρ	Dichte		$\text{kg} \cdot \text{m}^{-3}$
	$p + \dfrac{\rho}{2} \cdot v^2 =$ konstant	v	Strömungsgeschwindigkeit		$\text{m} \cdot \text{s}^{-1}$
		g	Fallbeschleunigung		$\text{m} \cdot \text{s}^{-2}$
	Rohrleitung nicht horizontal:	h	Höhe		m
	$p + \dfrac{\rho}{2} \cdot v^2 + \rho \cdot g \cdot h =$ konstant				

Innere Reibung stationärer, laminarer Strömungen

Hagen-Poiseuille'sches Gesetz	$\dot{V} = \dfrac{\pi \cdot r^4}{8 \cdot \eta} \cdot \dfrac{\Delta p}{l}$	$\dot{V}$	Volumenstromstärke	$\text{m}^3 \cdot \text{s}^{-1}$
		r	Innenradius des Rohres	m
		Δp	Druckdifferenz	$\text{N} \cdot \text{m}^{-2}$
Mittlere Strömungsgeschwindigkeit	$\bar{v} = \dfrac{r^2}{8 \cdot \eta} \cdot \dfrac{\Delta p}{l}$	l	Rohrlänge	m
		η	dynamische Viskosität	$\text{kg} \cdot \text{m}^{-1} \cdot \text{s}^{-1}$
		$\bar{v}$	mittlere Strömungsgeschwindigkeit	$\text{m} \cdot \text{s}^{-1}$
Innerer Reibungswiderstand	$F_{w_i} = 8 \cdot \pi \cdot \eta \cdot l \cdot \bar{v}$	F_{w_i}	innere Reibungswiderstandskraft	N
	$\nu = \dfrac{\eta}{\rho}$	ν	kinematische Viskosität	$\text{m}^2 \cdot \text{s}^{-1}$
		ρ	Dichte	$\text{kg} \cdot \text{m}^{-3}$

Strömungswiderstand von Körpern

Stoke'sches Gesetz (gilt bei stationärer, laminarer Strömung)	$F_w = 6 \cdot \pi \cdot \eta \cdot r_K \cdot v$	F_w	Strömungswiderstandskraft der Kugel	N
		r_K	Kugelradius	m
		v	Geschwindigkeit der Strömung	$\text{m} \cdot \text{s}^{-1}$
		η	dynamische Viskosität des Mediums	$\text{kg} \cdot \text{m}^{-1} \cdot \text{s}^{-1}$
Luftwiderstand bei Fahrzeugen	$F_{wL} = c_w \cdot A \cdot \dfrac{\rho}{2} \cdot (v + v_g)^2$	F_{wL}	Luftwiderstandskraft	N
		c_w	Luftwiderstandszahl	
	Beim PKW:	A	wirksame Querschnittsfläche	m^2
	$A \approx 0{,}9 \cdot$ Höhe $\cdot$ Spurweite	v	Fahrtgeschwindigkeit	$\text{m} \cdot \text{s}^{-1}$
		v_g	Geschwindigkeit des Gegenwindes	$\text{m} \cdot \text{s}^{-1}$
		ϱ	Dichte	$\text{kg} \cdot \text{m}^{-3}$

Wärmelehre

Umrechnung von Temperaturen

| Absolute Temperatur | $T = \vartheta + 273\ \text{K}$ | T | absolute Temperatur | K |
| | | ϑ | Temperatur in °C | °C |

Ausdehnung von Körpern

| Ausdehnung von festen und flüssigen Körpern | $\Delta l = \alpha \cdot \Delta\vartheta \cdot l_1$
 $l_2 = l_1 \cdot (1 + \alpha \cdot \Delta\vartheta)$

 $\Delta V = \gamma \cdot \Delta\vartheta \cdot V_1$
 $V_2 = V_1 \cdot (1 + \gamma \cdot \Delta\vartheta)$

 bei festen Körpern:

 $\gamma \approx 3 \cdot \alpha$ | Δl
 l_1
 l_2
 α
 $\Delta\vartheta$
 ΔV
 V_1
 V_2
 γ | Längenänderung
 Anfangslänge
 Endlänge
 Längenausdehnungskoeffizient
 Temperaturunterschied
 Volumenänderung
 Anfangsvolumen
 Endvolumen
 Volumenausdehnungskoeffizient | m <br> m <br> m
 K^{-1}
 K <br> m^3
 m^3
 m^3
 K^{-1} |
| Ausdehnung von Gasen bei konstantem Druck | $V = V_0 \cdot (1 + \gamma \cdot \vartheta)$

 $\dfrac{V}{V_0} = \dfrac{T}{T_0}$ | V_0
 V
 ϑ
 T
 T_0 | Volumen bei 0 °C
 Gasvolumen
 Temperatur <br> absolute Temperatur
 273 K | m^3
 m^3
 °C
 K
 K |

Gasgesetze für ideale Gase

Gesetz von Boyle-Mariotte	$p \cdot V = p_0 \cdot V_0$	p	Gasdruck	Pa = N · m^{-2}
		V	Gasvolumen	m^3
		T	Gastemperatur	K
		p_0	Druck bei 273 K	Pa
		V_0	Volumen bei 273 K	m^3
Allgemeines Gasgesetz	$\dfrac{p \cdot V}{T} = \dfrac{p_0 \cdot V_0}{T_0}$	T_0	273 K	K
Allgemeine Gasgleichung	$p \cdot V = n \cdot R \cdot T$	n	Stoffmenge	mol
		R	universelle Gaskonstante	J · kg^{-1} · mol^{-1}

Wärmelehre

Wärme und Wärmekapazität

Wärmekapazität	$C = c \cdot m$	C	Wärmekapazität	$J \cdot K^{-1}$
		c	spezifische Wärmekapazität	$J \cdot kg^{-1} \cdot K^{-1}$
		m	Masse	kg
Wärme	$Q = c \cdot m \cdot \Delta\vartheta$	$\Delta\vartheta$	Temperaturunterschied	K
		Q	Wärme	J
Wärmewirkungsgrad	$\eta = \dfrac{Q_n}{Q_z}$	η	Wärmewirkungsgrad	
		Q_n	Nutzwärme	J
		Q_z	zugeführte Wärme	J

Wärme bei Gasen

Wärmekapazität bei konstantem Druck	$Q_p = m \cdot c_p \cdot \Delta T$	Q_p	Wärme bei p = const.	J
		m	Masse des Gases	kg
		c_p	spezifische Wärmekapazität bei p = const.	$J \cdot kg^{-1} \cdot K^{-1}$
Wärmekapazität bei konstantem Volumen	$Q_v = m \cdot c_v \cdot \Delta T$	ΔT	Temperaturdifferenz	K
		Q_v	Wärme bei V = const.	J
Adiabatenkoeffizient	$\chi = \dfrac{c_p}{c_v}$	c_v	spezifische Wärmekapazität bei V = const.	$J \cdot kg^{-1} \cdot K^{-1}$
		χ	Adiabatenkoeffizient	

Wärmeleitung und Wärmewiderstand

Wärmestrom	$\phi = \dfrac{Q}{t}$	ϕ	Wärmestrom	W
		Q	Wärme	J
		t	Zeit	s
	$\phi = \dfrac{\lambda}{s} \cdot A \cdot \Delta\vartheta$	λ	Wärmeleitfähigkeit	$W \cdot K^{-1} \cdot m^{-1}$
		$\Delta\vartheta$	Temperaturunterschied	K
		A	Querschnitt	m²
		s	Schichtdicke	m
Wärmewiderstand	$R_{th} = \dfrac{\Delta\vartheta}{P_v}$	R_{th}	Wärmewiderstand	$K \cdot W^{-1}$
		$\Delta\vartheta$	Temperaturunterschied	K
		P_v	Verlustleistung	W
	$R_{th} = R_{thG} + R_{thÜ} + R_{thK}$		Wärmewiderstände zwischen:	
		R_{thG}	Sperrschicht-Gehäuse	$K \cdot W^{-1}$
		$R_{thÜ}$	Gehäuse-Kühlkörper	$K \cdot W^{-1}$
		R_{thK}	Kühlkörper-Umgebung	$K \cdot W^{-1}$

Wärmelehre

Änderung des Aggregatzustandes

Schmelzwärme (Erstarrungswärme)	$Q_s = m \cdot q_s$	Q_s Schmelzwärme (Erstarrungswärme) m Masse q_s spezifische Schmelzwärme (Erstarrungswärme)	J kg $J \cdot kg^{-1}$
Verdampfungswärme (Kondensationswärme)	$Q_v = m \cdot q_v$	Q_v Verdampfungswärme (Kondensationswärme) q_v spezifische Verdampfungswärme (Kondensationswärme) m Masse	J $J \cdot kg^{-1}$ kg

Kinetische Gastheorie

Spezifische molare Wärmekapazität	$c_v{}^* = \dfrac{f}{2} \cdot R$ $c_p{}^* = c_v{}^* + R$	$c_v{}^*$ spezifische molare Wärmekapazität bei V = const. f Anzahl der Freiheitsgrade R universelle Gaskonstante $c_p{}^*$ spezifische molare Wärmekapazität bei p = const.	$J \cdot mol^{-1} \cdot K^{-1}$ $J \cdot mol^{-1} \cdot K^{-1}$ $J \cdot mol^{-1} \cdot K^{-1}$
Gesetz von Boyle-Mariotte	$p \cdot V = \dfrac{1}{3} \cdot m \cdot \overline{v^2}$	p Gasdruck V Gasvolumen m Gasmasse $\overline{v^2}$ mittleres Geschwindigkeitsquadrat	$N \cdot m^{-2}$ m^3 kg $m^2 \cdot s^{-2}$
Kinetische Energie eines Gasmoleküls je Freiheitsgrad	$W_k = \dfrac{1}{2} \cdot k \cdot T$	W_k kinetische Energie k Boltzmannkonstante T absolute Temperatur	J $J \cdot K^{-1}$ K
Innere Energie eines Gases	$U = f \cdot \dfrac{1}{2} \cdot n \cdot R \cdot T$	U innere Energie f Anzahl der Freiheitsgrade n Stoffmenge R universelle Gaskonstante T absolute Temperatur	J mol $J \cdot K^{-1} \cdot mol^{-1}$ K
Mittlere Molekülgeschwindigkeit	$\overline{v} = 0{,}921 \cdot \sqrt{\overline{v^2}}$	$\overline{v}$ mittlere Geschwindigkeit $\overline{v^2}$ mittleres Geschwindigkeitsquadrat	$m \cdot s^{-1}$ $m^2 \cdot s^{-2}$

Geometrische Optik

Reflexion und Brechung

Reflexionsgesetz	$\alpha = \beta$	α	Einfallswinkel	
		β	Reflexionswinkel	
Brechungsgesetz	$\dfrac{\sin \alpha_1}{\sin \alpha_2} = \dfrac{n_2}{n_1} = \dfrac{c_1}{c_2}$	α_1	Winkel in Medium 1	
		α_2	Winkel in Medium 2	
		n_1	Brechzahl Medium 1	
		n_2	Brechzahl Medium 2	
		c_1	Lichtgeschwindigkeit im Medium 1	$m \cdot s^{-1}$
		c_2	Lichtgeschwindigkeit im Medium 2	$m \cdot s^{-1}$
Totalreflexion	$\sin \alpha_G = \dfrac{n_2}{n_1}$	α_G	Grenzwinkel der Totalreflexion	

Abbildungen

Abbildungsgleichungen für gekrümmte Spiegel	$\dfrac{1}{f} = \dfrac{1}{g} + \dfrac{1}{b}$	f	Brennweite	m
		g	Gegenstandsweite	m
	$\dfrac{B}{G} = \dfrac{b}{g}$	b	Bildweite	m
		B	Bildgröße	m
		G	Gegenstandsgröße	m
	$A = \dfrac{B}{G}$	A	Abbildungsmaßstab	
Brennweite Hohlspiegel	$f = \dfrac{r}{2}$	f	Brennweite	m
Wölbspiegel	$f = -\dfrac{r}{2}$	r	Krümmungsradius des Spiegels	m
Abbildungsgleichungen für dünne Linsen	$\dfrac{1}{f} = \dfrac{1}{g} + \dfrac{1}{b}$	g	Gegenstandsweite	m
		b	Bildweite	m
		f	Brennweite	m
	$\dfrac{B}{G} = \dfrac{b}{g}$	B	Bildgröße	m
		G	Gegenstandsgröße	m
	$A = \dfrac{B}{G}$	A	Abbildungsmaßstab	
Brennweite dünner Linsen	$\dfrac{1}{f} = (n-1) \cdot \left(\dfrac{1}{r_1} + \dfrac{1}{r_2} \right)$	f	Brennweite der Linse	m
		n	Brechzahl der Linse	
	Konvexe Linsen $r > 0$	r_1, r_2	Radien der die Linsen begrenzenden Kugelflächen	m
	Konkave Linsen $r < 0$			
Brechwert	$D = \dfrac{1}{f}$	D	Brechwert	m^{-1} = dpt.
		f	Brennweite	m
Linsensystem	Bei dünnen Linsen:	f	Ersatzbrennweite	m
	$\dfrac{1}{f} = \dfrac{1}{f_1} + \dfrac{1}{f_2} + \ldots$	D	Ersatzbrechwert	m^{-1}
		f_1, f_2	Brennweiten	m
	$D = D_1 + D_2 + \ldots$	D_1, D_2	Brechwerte	m^{-1}

Geometrische Optik

Optische Instrumente

Vergrößerungsfaktor	$V = \dfrac{\tan \alpha}{\tan \alpha_0}$	V	Vergrößerungsfaktor	
		α	Sehwinkel mit Instrument	
		α_0	Sehwinkel ohne Instrument	
Lochkamera	$A = \dfrac{B}{G} = \dfrac{b}{g}$	A	Abbildungsmaßstab	
		B	Bildgröße	m
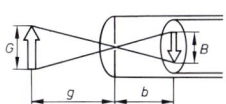		G	Gegenstandsgröße	m
		b	Bildweite	m
		g	Gegenstandsweite	m
Lupe	$V = \dfrac{s_0}{f}$	f	Brennweite der Lupe	m
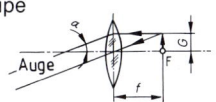		s_0	deutliche Sehweite ($s_0 = 0{,}25$ m)	m
Mikroskop	$V = V_1 \cdot V_2$	V	Vergrößerungsfaktor des Mikroskops	
		V_1	Vergrößerungsfaktor des Objektivs	
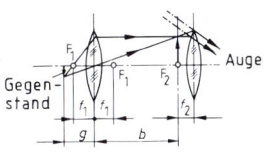	$V_1 = \dfrac{b}{g}$	V_2	Vergrößerungsfaktor des Okulars	
		b	Bildweite	m
		g	Gegenstandsweite	m
	$V_2 = \dfrac{s_0}{f_2}$	s_0	deutliche Sehweite	m
		f_2	Brennweite des Okulars	m
Fernrohr	$V = \dfrac{f_1}{f_2}$	V	Vergrößerungsfaktor	
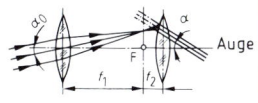		f_1	Brennweite des Objektivs	m
		f_2	Brennweite des Okulars	m
Auflösungsvermögen des Mikroskops	$s = \dfrac{\lambda}{n \cdot \sin(\alpha/2)}$	s	kleinster auflösbarer Abstand	m
		λ	Wellenlänge	m
		n	Brechungszahl	
		α	Winkel, unter dem die Objektivöffnung vom Objekt aus erscheint	
		$n \cdot \sin(\alpha/2)$	numerische Apertur	

Lichttechnische Größen

Lichtstrom	$\Phi_v = P \cdot K_m \cdot s_v$	Φ_v	Lichtstrom	lm (Lumen)
		P	Strahlungsleistung	W
		K_m	Strahlungsäquivalent (673 lm/W)	lm · W^{-1}
		s_v	relative Empfindlichkeit des Auges	
Beleuchtungsstärke	$E_v = \dfrac{\Phi_v}{A}$	E_v	Beleuchtungsstärke	lx (Lux)
		Φ_v	auftreffender Lichtstrom	lm
		A	beleuchtete Fläche	m^2
	Für direkte Strahlung:	I_v	Lichtstärke	cd (Candela)
	$E_v = \dfrac{I_v}{r^2}$	r	Abstand Lichtquelle — beleuchtete Fläche	m
Leuchtdichte	$L_v = \dfrac{I_v}{A}$	L_v	Leuchtdichte	cd · m^{-2}
		I_v	Lichtstärke	cd
		A	leuchtende, sichtbare Fläche	m^2

Elektrizitätslehre

Widerstand

Widerstand (Ohm'sches Gesetz)	$R = \dfrac{U}{I}$ $R_{\text{diff}} = \dfrac{\Delta U}{\Delta I}$	R U I R_{diff} ΔU ΔI G	Widerstand Spannung Strom differenzieller Widerstand Spannungsänderung Stromänderung Leitwert	Ω V A Ω V A Ω^{-1} = S
Leitwert	$G = \dfrac{1}{R}$			
Widerstand	$R = \rho \cdot \dfrac{l}{A}$	R l A	Widerstand Länge des Leiters Querschnittsfläche	Ω m mm²
Leitfähigkeit	$\gamma = \dfrac{1}{\rho}$	ρ γ	spez. Widerstand Leitfähigkeit	$\Omega \cdot$ mm² $\cdot$ m⁻¹ m $\cdot$ S $\cdot$ mm⁻²
Widerstand und Temperatur	$R_\vartheta = R_{20} \cdot (1 + \alpha_{20} \cdot \Delta\vartheta)$ $\Delta\vartheta = \vartheta - 20\,°C$ $\Delta R = \alpha_{20} \cdot R_{20} \cdot \Delta\vartheta$	R_ϑ ϑ R_{20} α_{20} $\Delta\vartheta$ ΔR	Widerstand bei ϑ Temperatur Widerstand bei 20 °C Temperaturkoeffizient b. 20 °C Temperaturänderung Widerstandsänderung	Ω °C Ω K⁻¹ K Ω

Grundschaltungen

Reihenschaltung

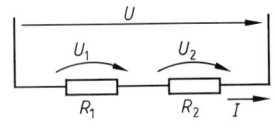

$R = R_1 + R_2 + \ldots$

$U = U_1 + U_2 + \ldots$

$\dfrac{U_1}{U_2} = \dfrac{R_1}{R_2}$

$\dfrac{U_1}{U} = \dfrac{R_1}{R}$

R	Ersatzwiderstand	Ω
$R_1, R_2, \ldots$	Teilwiderstände	Ω
U	Gesamtspannung	V
$U_1, U_2, \ldots$	Teilspannungen	V

Parallelschaltung

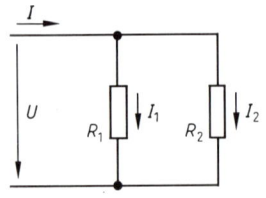

$\dfrac{1}{R} = \dfrac{1}{R_1} + \dfrac{1}{R_2} + \ldots$

$G = G_1 + G_2 + \ldots$

$I = I_1 + I_2 + \ldots$

$\dfrac{I_1}{I_2} = \dfrac{R_2}{R_1}$

Zwei Widerstände:

$R = \dfrac{R_1 \cdot R_2}{R_1 + R_2}$

Gleiche Widerstände:

$R = \dfrac{R_1}{n}$

R	Ersatzwiderstand	Ω
$R_1, R_2, \ldots$	Teilwiderstände	Ω
G	Ersatzleitwert	S
$G_1, G_2, \ldots$	Teilleitwerte	S
I	Gesamtstrom	A
$I_1, I_2, \ldots$	Teilstromstärken	A
n	Zahl der Widerstände	

Elektrizitätslehre

Gemischte Schaltungen

Belasteter Spannungsteiler

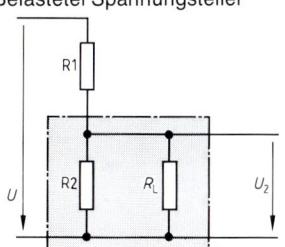

$$\frac{U_2}{U} = \frac{R_{2L}}{R_1 + R_{2L}}$$

$$R_{2L} = \frac{R_2 \cdot R_L}{R_2 + R_L}$$

Beim unbelasteten Spannungsteiler fehlt R_L

$\Rightarrow R_{2L} = R_2$

U	Gesamtspannung	V
U_2	Teilspannung	V
R_1	Einzelwiderstand	Ω
R_2	Einzelwiderstand	Ω
R_{2L}	Ersatzwiderstand	Ω
R_L	Lastwiderstand	Ω

Brückenschaltung Abgleichbedingungen

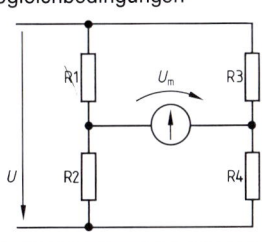

$U_m = 0$

$$\frac{R_1}{R_2} = \frac{R_3}{R_4}$$

U_m	Brückenabgleichspannung	V
$R_1 \ldots R_4$	Einzelwiderstände der Brückenzweige	Ω

Erzeugerersatzschaltung

Spannungserzeuger

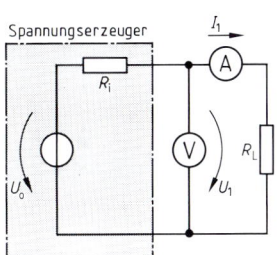

$U_0 = U_1 + I_1 \cdot R_i$

$\Delta U = U_1 - U_2$

$\Delta I = I_2 - I_1$

$R_i = \dfrac{\Delta U}{\Delta I}$

$I_k = \dfrac{U_0}{R_i}$

$R_{L1} = \dfrac{U_1}{I_1}$

$P_{a\,max} = \dfrac{U_0^2}{4 \cdot R_i}$

$P_a = U_1 \cdot I_1$

Belastungskennlinie

U_0	Urspannung, Leerlaufspannung	V
R_i	Innenwiderstand	Ω
$U_1; U_2$	Lastspannungen	V
ΔU	Differenz zweier Lastspannungen	V
$I_1; I_2$	Lastströme	A
ΔI	Differenz zweier Lastströme	A
I_k	Kurzschlussstrom	A
R_{L1}	Lastwiderstand im ersten Belastungsfall	Ω
$P_{a\,max}$	größte abgebbare Leistung	W
P_a	abgegebene Leistung	W

Elektrizitätslehre

Messgeräte und Messschaltungen

Messgeräte mit analoger Anzeige für Spannungen, Ströme und Leistungen	$c = \dfrac{M_E}{S_E}$ $M_g = c \cdot a$ $\Delta M_g = \pm \dfrac{K}{100} \cdot M_g$ $F_\% = \pm \dfrac{M_E}{M_g} \cdot \dfrac{K}{100}$ $F_\% = \dfrac{\Delta M_g}{M_g} \cdot 100\%$ $P = \dfrac{U_E}{r_K}$	c — Skalenkonstante M_E — Messbereichsendwert, eingestellter Messbereich S_E — Skalenendwert a — angezeigter Skalenwert M_g — Messgröße ΔM_g — größter zulässiger Anzeigefehler K — Klasse des Messgerätes (0,1; 0,2; 0,5; 1; 1,5; 2,5; 5) M_E — Messbereichsendwert, Messbereich $F_\%$ — größter prozentualer Anzeigefehler des Messwertes P — Eigenverbrauch eines Spannungsmessers bei Endausschlag U_E — Spannungs-Messbereich r_K — Instrumenten-Kenngröße	V; A; W V; A; W; V; A; W V; A; W W V $\Omega \cdot V^{-1}$

Messschaltungen für Widerstände

Stromfehlerschaltung	$R = \dfrac{U}{I - I_v}$ $I_v = \dfrac{U}{r_K \cdot U_E}$	R — zu bestimmender Widerstand U — angezeigte Spannung I — angezeigter Strom I_v — Strom durch den Spannungsmesser r_K — Instrumenten-Kenngröße U_E — Endwert des Spannungsmessbereichs	Ω V A A $\Omega \cdot V^{-1}$ V
Spannungsfehlerschaltung	$R = \dfrac{U}{I} - R_A$ $R_A = \dfrac{U_A}{I_E}$	R_A — Widerstand des Strommessers U_A — Spannung am Strommesser bei Endausschlag I_E — Endwert des Strommessbereichs	Ω V A

Elektrizitätslehre

Elektrische Arbeit

Elektrische Arbeit	$W = U \cdot I \cdot t$ $W = Q \cdot U$	W Elektrische Arbeit U Spannung I Strom t Zeit Q Ladung	Ws, J V A s C

Gleichstromleistung

Leistung	$P = U \cdot I$ $P = \dfrac{U^2}{R}$ $P = I^2 \cdot R$	P Leistung U Spannung I Strom R Widerstand	W V A Ω

Grundgrößen des Wechselstroms

Kreisfrequenz	$\omega = 2 \cdot \pi \cdot f = \dfrac{2 \cdot \pi}{T}$	ω Kreisfrequenz f Frequenz T Periodendauer	s⁻¹ s⁻¹, Hz s
Phasenwinkel	$\varphi = \omega \cdot t$	φ Phasenwinkel t Zeit	s
Momentanwert der Spannung	$u = \hat{u} \cdot \sin \varphi$	u Momentanwert der Spannung $\hat{u}$ Scheitelwert der Spannung	V V
Momentanwert des Stromes	$i = \hat{i} \cdot \sin \varphi$	i Momentanwert des Stromes $\hat{i}$ Scheitelwert des Stromes	A A
Scheitelwert der Spannung	$\hat{u} = U_{eff} \cdot \sqrt{2}$	U_{eff} Effektivwert der Spannung	V
Scheitelwert des Stromes	$\hat{i} = I_{eff} \cdot \sqrt{2}$	I_{eff} Effektivwert des Stromes	A

Wechselstromleistung bei sinusförmigem Strom

Scheinleistung Blindleistung Wirkleistung	$S = U \cdot I$ $Q = U \cdot I \cdot \sin \varphi$ $P = U \cdot I \cdot \cos \varphi$ $S = \sqrt{P^2 + Q^2}$	S Scheinleistung U Spannung I Strom P Wirkleistung Q Blindleistung φ Phasenverschiebungswinkel $\cos \varphi$ Leistungsfaktor (Wirkfaktor) $\sin \varphi$ Blindfaktor	VA V A W var

Elektrizitätslehre

Wechselstromwiderstand

Kapazitiver Widerstand	$X_c = \dfrac{1}{\omega \cdot C}$	X_C kapazitiver Blindwiderstand ω Kreisfrequenz C Kapazität	Ω s^{-1} F
Induktiver Blindwiderstand	$X_L = \omega \cdot L$	X_L induktiver Blindwiderstand ω Kreisfrequenz L Induktivität	Ω s^{-1} H
Zeitkonstante	$\tau = R \cdot C$ $\tau = \dfrac{L}{R}$	τ Zeitkonstante R Wirkwiderstand C Kapazität L Induktivität	s Ω F H
Reihenschaltung von Wirk- und Blindwiderstand	$Z = \sqrt{R^2 + X^2}$ $\cos\varphi = \dfrac{R}{Z}$	Z Scheinwiderstand R Wirkwiderstand X Blindwiderstand φ Phasenverschiebungswinkel	Ω Ω Ω
Parallelschaltung von Wirk- und Blindwiderstand	$Z = \dfrac{R \cdot X}{\sqrt{R^2 + X^2}}$ $\tan\varphi = \dfrac{R}{X}$ $Z = \dfrac{R}{\cos\varphi}$	Z Scheinwiderstand X Blindwiderstand R Wirkwiderstand φ Phasenverschiebungswinkel	Ω Ω Ω

Schwingkreis

Eigenfrequenz	$f_o = \dfrac{1}{2 \cdot \pi \cdot \sqrt{L \cdot C}}$	f_o Eigenfrequenz L Induktivität C Kapazität	Hz H F
Serienschwingkreis	$Z = \sqrt{R_v^2 + (X_L - X_c)^2}$	Z Scheinwiderstand R_v Verlustwiderstand der Spule X_L induktiver Blindwiderstand X_c kapazitiver Blindwiderstand	Ω Ω Ω Ω
Parallelschwingkreis	$\dfrac{1}{Z} = \sqrt{\dfrac{1}{R_p^2} + \left(\dfrac{1}{X_c} - \dfrac{1}{X_L}\right)^2}$ bei $R_v \ll X_L$ $R_p \approx \dfrac{X_L^2}{R_v}$	R_p paralleler Verlustwiderstand der Spule	Ω

Elektrizitätslehre

Elektrisches Feld

Coulomb'sches Gesetz	$F = \dfrac{1}{4\pi \cdot \epsilon_0 \cdot \epsilon_r} \dfrac{Q_1 \cdot Q_2}{r^2}$	F Kraft zwischen geladenen Kugeln ϵ_0 elektrische Feldkonstante ϵ_r Permittivitätszahl Q_1, Q_2 Ladungen r Abstand der Kugelmittelpunkte	N $F \cdot m^{-1}$ C m
Potenzial im radial-symmetrischen Feld	$\varphi = \dfrac{1}{4\pi \cdot \epsilon_0 \cdot \epsilon_r} \cdot \dfrac{Q}{r}$	φ Potenzial ϵ_0 elektrische Feldkonstante ϵ_r Permittivitätszahl Q Ladung r Abstand von der Ladung	V $F \cdot m^{-1}$ C m
Elektrische Feldstärke	$\vec{E} = \dfrac{\vec{F}}{Q} \quad E = \dfrac{F}{Q}$	E elektrische Feldstärke F Kraft Q Ladung	$V \cdot m^{-1}$ N C
Elektrische Spannung Bei homogenem Feld:	$U = \dfrac{W}{Q}$ $U = E \cdot l$	U Spannung W Überführungsarbeit Q überführte Ladung U Spannung E elektrische Feldstärke l Überführungsweg parallel zu den Feldlinien	V J C V $V \cdot m^{-1}$ m
Elektrische Flussdichte	$\vec{D} = \epsilon_0 \cdot \epsilon_r \cdot \vec{E}$ $D = \epsilon_0 \cdot \epsilon_r \cdot E$	D elektrische Flussdichte ϵ_0 elektrische Feldkonstante ϵ_r Permittivitätszahl E elektrische Feldstärke	$C \cdot m^{-2}$ $F \cdot m^{-1}$ $V \cdot m^{-1}$
Felderzeugende Ladung, Influenzladung	$Q = A \cdot D$	Q Ladung A Fläche D elektrische Flussdichte	C m^2 $C \cdot m^{-2}$
Energiedichte des elektrischen Feldes	$\rho = \dfrac{W}{V}$ $\rho = \dfrac{1}{2} \epsilon_0 \cdot \epsilon_r \cdot E^2$	ρ Energiedichte W Energie V Volumen ϵ_0 elektrische Feldkonstante ϵ_r Permittivitätszahl E elektrische Feldstärke	$J \cdot m^{-3}$ J m^3 $F \cdot m^{-1}$ $V \cdot m^{-1}$

Kondensator

Kapazität	$C = \dfrac{Q}{U}$	C Kapazität Q Ladung U Spannung	F C V

Elektrizitätslehre

Kondensator (Fortsetzung)

Plattenkondensator	$C = \epsilon_0 \cdot \epsilon_r \cdot \dfrac{A}{d}$	C	Kapazität	F
		ϵ_0	elektrische Feldkonstante	$F \cdot m^{-1}$
		ϵ_r	Permittivitätszahl	
		A	gleichnamig geladene Plattenoberfläche	m^2
		d	Plattenabstand	m
Zylinderkondensator Bei $r_2 \ll l$:	$C = \dfrac{2\pi \cdot \epsilon_0 \cdot \epsilon_r \cdot l}{\ln(r_2/r_1)}$	C	Kapazität	F
		ϵ_0	elektrische Feldkonstante	$F \cdot m^{-1}$
		ϵ_r	Permittivitätszahl	
		r_1	Radius des inneren Zylinders	m
		r_2	Radius des äußeren Zylinders	m
		l	Länge der Zylinder	m
Freistehende Kugel	$C = 4\pi \cdot \epsilon_0 \cdot \epsilon_r \cdot r$	C	Kapazität	F
		ϵ_0	elektrische Feldkonstante	$F \cdot m^{-1}$
		ϵ_r	Permittivitätszahl	
		r	Radius der Kugel	m
Ersatzkapazität Bei Parallelschaltung	$C = C_1 + C_2 + \ldots$	C	Ersatzkapazität	F
Bei Reihenschaltung	$\dfrac{1}{C} = \dfrac{1}{C_1} + \dfrac{1}{C_2} + \ldots$	C_1, C_2	Einzelkapazitäten	F

Laden und Entladen eines Kondensators

Stromstärke-Zeit-Gesetz	$i(t) = I_0 \cdot e^{-t/\tau}$	$i(t)$	Strom zum Zeitpunkt t	A
Zeitkonstante	$\tau = R \cdot C$	I_0	Anfangsstrom	A
		t	Zeit	s
		τ	Zeitkonstante	s
		R	Ohm'scher Widerstand	Ω
		C	Kapazität	F
Energie eines geladenen Kondensators	$W = \dfrac{1}{2} C \cdot U^2$	W	Energie	J
		C	Kapazität	F
		U	Spannung	V
Kraft zwischen den Platten eines geladenen Kondensators	$F = \dfrac{1}{2} \epsilon_0 \cdot \epsilon_r \dfrac{A}{d^2} \cdot U^2$	F	Kraft	N
		ϵ_0	elektrische Feldkonstante	$F \cdot m^{-1}$
		ϵ_r	Permittivitätszahl	
		A	Fläche einer Platte	m^2
		d	Plattenabstand	m
		U	Spannung	V

Elektrizitätslehre

Magnetisches Feld

Magnetische Feldstärke Bei geradem Leiter	$H = \dfrac{I}{2 \cdot \pi \cdot r}$	H I r	magnetische Feldstärke Strom im felderzeugenden Leiter Abstand von der Leiterachse	$A \cdot m^{-1}$ A m
Im Inneren einer langen Spule	$H = \dfrac{N \cdot I}{l}$	H N l	magnetische Feldstärke Windungszahl Länge des Spulenkörpers	$A \cdot m^{-1}$ m
Magnetische Flussdichte (Induktion)	$B = \mu_0 \cdot \mu_r \cdot H$	B μ_0 μ_r H	magnetische Flussdichte magnetische Feldkonstante Permeabilitätszahl magnetische Feldstärke	$V \cdot s \cdot m^{-2} = T$ $H \cdot m^{-1}$ $A \cdot m^{-1}$
Kraft auf einen stromdurchflossenen Leiter	$\vec{F} = l \cdot (\vec{I} \times \vec{B})$ $F = B_s \cdot I \cdot l$	F B B_s I l	Kraft magnetische Flussdichte Komponente der magnetischen Flussdichte senkrecht zum Leiter Strom wirksame Leiterlänge	N T T A m
Energiedichte des Magnetfeldes	$\rho = \dfrac{W}{V}$ $\rho = \dfrac{1}{2} \dfrac{1}{\mu_0 \cdot \mu_r} B^2$	ρ W V μ_0 μ_r B	Energiedichte Energie Volumen magnetische Feldkonstante Permeabilitätszahl magnetische Flussdichte	$J \cdot m^{-3}$ J m^3 $H \cdot m^{-1}$ T

Induktion

Magnetischer Fluss	$\Phi = \vec{A} \cdot \vec{B}$ $\Phi = A \cdot B_s$	Φ A B B_s	magnetischer Fluss vom Stromkreis umfasste Fläche magnetische Flussdichte Komponente der Flussdichte senkrecht zu A	$V \cdot s = Wb$ m^2 T T
Induktionsgesetz	$U_i = N \cdot \dfrac{d\Phi}{dt}$	N U_i $\dfrac{d\Phi}{dt}$	Zahl der Leiterschleifen induzierte Spannung Änderungsgeschwindigkeit des vom Leiter umfassten magnetischen Flusses	 V $Wb \cdot s^{-1}$

Elektrizitätslehre

Induktionsgesetz (Fortsetzung)

Bei bewegtem Leiter:	$U_i = N \cdot B \cdot l \cdot v_s$	U_i	induzierte Spannung	V
		N	Zahl der Leiterschleifen	
		B	magnetische Flussdichte	T
				$V \cdot s \cdot m^{-2}$
		l	wirksame Leiterlänge	m
		v_s	Geschwindigkeitskomponente senkrecht zu $\vec{B}$	$m \cdot s^{-1}$
Selbstinduktion:	$U_i = -L \cdot \dfrac{dI}{dt}$	U_i	induzierte Spannung	V
		L	Induktivität	H
		dI/dt	Änderungsgeschwindigkeit des Stroms	$A \cdot s^{-1}$
Induktivität Bei langer Spule:	$L = \mu_0 \cdot \mu_r \cdot \dfrac{N^2}{l} \cdot A$	L	Induktivität	H
		μ_0	magnetische Feldkonstante	$H \cdot m^{-1}$
		μ_r	Permeabilitätszahl	
		N	Windungszahl	
		l	Länge des Spulenkörpers	m
		A	Querschnittsfläche	m^2
Ersatzinduktivität Bei Reihenschaltung:	$L = L_1 + L_2 + \ldots$	L	Ersatzinduktivität	H
Bei Parallelschaltung:	$\dfrac{1}{L} = \dfrac{1}{L_1} + \dfrac{1}{L_2} + \ldots$	L_1, L_2	Einzelinduktivitäten	H
Energie einer stromdurchflossenen Spule	$W = \dfrac{1}{2} L \cdot I^2$	W	Energie	J
		L	Induktivität	H
		I	Strom	A

Stromkreis mit Induktivität und Ohm'schem Widerstand

Stromstärke-Zeit-Gesetz Beim Einschalten:	$i(t) = I_e \cdot (1 - e^{-t/\tau})$	$i(t)$	Strom zur Zeit t	A
		I_e	Strom nach Aufbau des Magnetfeldes	A
	$\tau = \dfrac{L}{R}$	t	Zeit nach dem Einschalten	s
		τ	Zeitkonstante	s
		L	Induktivität	H
		R	Widerstand	Ω
Beim Ausschalten:	$i(t) = I_0 \cdot e^{-t/\tau}$	$i(t)$	Strom zur Zeit t	A
		I_0	Anfangsstrom	A
	$\tau = \dfrac{L}{R}$	t	Zeit nach dem Ausschalten	s
		τ	Zeitkonstante	s
		L	Induktivität	H
		R	Widerstand	Ω

Elektrizitätslehre

Transformator

Spannungen	$\dfrac{U_1}{U_2} = \dfrac{N_1}{N_2}$	U_1, U_2	Spannungen	V
		N_1, N_2	Windungszahlen	
Ströme	$\dfrac{I_1}{I_2} = \dfrac{N_2}{N_1}$	I_1, I_2	Ströme	A
		N_1, N_2	Windungszahlen	
Transformatoren-hauptgleichung	$U_0 = \dfrac{2\pi}{\sqrt{2}}\, \hat{B} \cdot A_{Fe} \cdot f \cdot N$	U_0	Leerlaufspannung	V
		$\hat{B}$	Scheitelwert der magnetischen Flussdichte	T
	$A_{Fe} = f_{Fe} \cdot A_K$	A_{Fe}	Eisenquerschnitt	m²
		f	Frequenz	Hz
		N	Windungszahl	
		f_{Fe}	Füllfaktor	
		A_K	Kernquerschnitt	m²

Teilchen in elektrischen und magnetischen Feldern

Kraft im elektrischen Feld	$\vec{F} = q \cdot \vec{E}$	F	Kraft	N
	$F = q \cdot E$	q	Ladung des Teilchens	C
		E	elektrische Feldstärke	V·m⁻¹
Endgeschwindigkeit bei Beschleunigung aus der Ruhe	Für $v \ll c$: $v = \sqrt{2 \cdot \dfrac{q}{m} \cdot U}$	v	Endgeschwindigkeit	m·s⁻¹
		c	Lichtgeschwindigkeit	m·s⁻¹
		q	Ladung des Teilchens	C
		m	Masse des Teilchens	kg
		U	durchlaufene Spannung	V
Kraft im magnetischen Feld (Lorentzkraft)	$\vec{F} = q \cdot (\vec{v} \times \vec{B})$	F	Kraft	N
	$F = q \cdot v_s \cdot B$	q	Ladung des Teilchens	C
		v	Geschwindigkeit	m·s⁻¹
		v_s	Geschwindigkeitskomponente senkrecht zu $\vec{B}$	m·s⁻¹
		B	magnetische Flussdichte	T

Halleffekt

Hallspannung	$U_H = \dfrac{R_H \cdot I \cdot B}{s}$	U_H	Spannung	V
		R_H	Hallkonstante	m³·C⁻¹
		I	Stromstärke	A
		B	magnetische Flussdichte	T
		s	Dicke des Leiters	m
Hallkonstante	$R_H = \dfrac{V}{N \cdot e}$	R_H	Hallkonstante	m³·C⁻¹
		V	Volumen	m³
		N	Zahl der Ladungsträger	
		e	Elementarladung	C

Schwingungen und Wellen

Grundbegriffe

Frequenz	$f = \dfrac{1}{T}$	f	Frequenz	$s^{-1} = Hz$
		T	Periodendauer	s
Kreisfrequenz	$\omega = 2\pi \cdot f = \dfrac{2\pi}{T}$	ω	Kreisfrequenz, Winkelgeschwindigkeit	s^{-1}
Ausbreitungsgeschwindigkeit	$c = \lambda \cdot f$	c	Ausbreitungsgeschwindigkeit	$m \cdot s^{-1}$
		λ	Wellenlänge	m

Mechanische Schwingungen

Weg-Zeit-Gesetz	$s(t) = \hat{s} \cdot \sin(\omega t + \varphi_0)$	$s(t)$	Auslenkung zur Zeit t	m
		$\hat{s}$	Amplitude, maximale Auslenkung	m
Geschwindigkeit-Zeit-Gesetz	$v(t) = \hat{v} \cdot \cos(\omega t + \varphi_0)$	ω	Kreisfrequenz	s^{-1}
	$\hat{v} = \omega \cdot \hat{s}$	φ_0	Nullphasenwinkel	
		$v(t)$	Geschwindigkeit zur Zeit t	$m \cdot s^{-1}$
		$\hat{v}$	maximale Geschwindigkeit	$m \cdot s^{-1}$
Beschleunigung-Zeit-Gesetz	$a(t) = -\hat{a} \cdot \sin(\omega t + \varphi_0)$	$a(t)$	Beschleunigung zur Zeit t	$m \cdot s^{-2}$
	$\hat{a} = \omega^2 \cdot \hat{s}$	$\hat{a}$	maximale Beschleunigung	$m \cdot s^{-2}$
Periodendauer Federpendel	$T = 2\pi \cdot \sqrt{\dfrac{m}{D}}$	T	Periodendauer	s
		m	Masse des schwingenden Körpers	kg
Fadenpendel	$T = 2\pi \cdot \sqrt{\dfrac{l}{g}}$	D	Federkonstante, Richtgröße	$N \cdot m^{-1}$
		l	Pendellänge	m
Schwingende Flüssigkeitssäule	$T = 2\pi \cdot \sqrt{\dfrac{s}{2 \cdot g}}$	g	Fallbeschleunigung	$m \cdot s^{-2}$
		s	Länge der gesamten Flüssigkeitssäule bei konstantem Querschnitt	m
Schwingungsenergie beim Federpendel	$W_{ges} = \dfrac{1}{2} \cdot D \cdot s(t)^2 + \dfrac{1}{2} \cdot m \cdot v(t)^2$	W_{ges}	Schwingungsenergie	J
		D	Richtgröße der Feder	$N \cdot m^{-1}$
	$W_{ges} = \dfrac{1}{2} \cdot D \cdot \hat{s}^2 = \dfrac{1}{2} \cdot m \cdot \hat{v}^2$	$s(t)$	Auslenkung zur Zeit t	m
		m	schwingende Masse	kg
Schwingungsenergie beim Fadenpendel	$W_{ges} = m \cdot g \cdot h(t) + \dfrac{1}{2} \cdot m \cdot v(t)^2$	$v(t)$	Geschwindigkeit zur Zeit t	$m \cdot s^{-1}$
		$\hat{s}$	Amplitude; maximale Auslenkung	m
	$W_{ges} = m \cdot g \cdot \hat{h} = \dfrac{1}{2} \cdot m \cdot \hat{v}^2$	$\hat{v}$	maximale Geschwindigkeit	$m \cdot s^{-1}$
		g	Fallbeschleunigung	$m \cdot s^{-2}$
		$h(t)$	Höhe über Nullniveau zur Zeit t	m
		$\hat{h}$	maximale Höhe über Nullniveau	m
Physikalisches Pendel	$T = 2\pi \cdot \sqrt{\dfrac{l_r}{g}}$	T	Periodendauer	s
		l_r	reduzierte Pendellänge	m
		g	Fallbeschleunigung	$m \cdot s^{-2}$
		J	Massenträgheitsmoment bezüglich der Drehachse	$kg \cdot m^2$
	$l_r = \dfrac{J}{m \cdot s}$	m	Pendelmasse	kg
		s	Abstand des Schwerpunktes von der Drehachse	m
Torsionspendel	$T = 2\pi \cdot \sqrt{\dfrac{J}{D}}$	D	Winkelrichtgröße	$N \cdot m$

Schwingungen und Wellen

Mechanische Wellen

Ausbreitungs-geschwindigkeit	Bei festen Stoffen: $$c = \sqrt{\frac{E}{\rho}}$$	c	Ausbreitungsgeschwindigkeit der Welle	$m \cdot s^{-1}$
		E	Elastizitätsmodul	$N \cdot m^{-1}$
		ρ	Dichte	$kg \cdot m^{-1}$
Fortschreitende Welle	$$s = \hat{s} \cdot \sin 2\pi \cdot \left(\frac{t}{T} - \frac{x}{\lambda}\right)$$	$\hat{s}$	Amplitude, maximale Auslenkung	m
		s	Auslenkung zur Zeit t an der Stelle x	m
		T	Periodendauer	s
Stehende Wellen Beide Enden fest bzw. beide Enden lose	$$l = n \cdot \frac{\lambda}{2}$$ $$f_n = \frac{c}{2 \cdot l} \cdot n; \quad n = 1, 2, 3...$$	l	Länge des linearen Wellenträgers (Mediums)	m
		λ	Wellenlänge	m
Ein Ende fest, ein Ende lose	$$l = (2 \cdot n - 1) \cdot \frac{\lambda}{4}; \quad n = 1, 2, 3...$$ $$f_n = \frac{c}{4 \cdot l} \cdot (2 \cdot n - 1)$$	f_n	Eigenfrequenzen	s^{-1}
		c	Ausbreitungsgeschwindigkeit der Welle in dem Medium	$m \cdot s^{-1}$

Dopplereffekt (akustisch)

Bewegter Empfänger — Ruhender Sender	$$f_E = f_S \cdot \left(1 \pm \frac{v_E}{c}\right)$$	f_E	vom Empfänger gemessene Frequenz	s^{-1}
		f_S	vom Sender abgestrahlte Frequenz	s^{-1}
Ruhender Empfänger — Bewegter Sender	$$f_E = f_S \cdot \frac{1}{1 \mp \frac{v_S}{c}}$$	v_E	Geschwindigkeit des Empfängers	$m \cdot s^{-1}$
		v_S	Geschwindigkeit des Senders	$m \cdot s^{-1}$
Bewegter Empfänger — Bewegter Sender	$$f_E = f_S \cdot \frac{c \pm v_E}{c \mp v_S}$$	c	Ausbreitungsgeschwindigkeit der Welle	$m \cdot s^{-1}$
	oberes Vorzeichen: Sender und Empfänger nähern sich einander an unteres Vorzeichen: Sender und Empfänger entfernen sich voneinander			

Akustische Größen

Schalldruck	$$p = \frac{\Delta F}{2 \cdot \sqrt{2 \cdot A}}$$	p	Schalldruck	$N \cdot m^{-2}$
		ΔF	Kraftänderung	N
		A	wirksame Fläche	m^2
Schalldruckpegel	$$L_p = 20 \cdot \lg \frac{p}{p_s}$$ $$p_s = 20 \; \mu N \cdot m^{-2}$$	L_p	Schalldruckpegel	dB
		p	Schalldruck	$N \cdot m^{-2}$
		p_s	Bezugsschalldruck	$\mu N \cdot m^{-2}$
Bewerteter Schalldruckpegel	$$L_A = L_P + s_A$$ $$L_B = L_P + s_B$$ $$L_C = L_P + s_C$$	L_P	Schalldruckpegel	dB
		L_A, L_B, L_C	bewerteter Schalldruckpegel	dB(A) dB(B) dB(C)
		s_A, s_B, s_C	Korrektur*)	
	*) siehe DIN IEC 651 (Tabelle 19)			

Wellenoptik und elektromagnetische Wellen

Interferenz

Newton'sche Ringe	$m = \dfrac{r^2}{R \cdot \lambda}$	m Ordnungszahl r Radius des m-ten dunklen Ringes R Krümmungsradius λ Wellenlänge	 m m m

Beugung

Beugung am Einzelspalt	$\sin \alpha = k \cdot \dfrac{\lambda}{b}$	α Winkel, unter dem ein Minimum erscheint k Ordnung des Minimums λ Wellenlänge b Spaltbreite	 m m
Beugung am Doppelspalt	$\sin \alpha = k \cdot \dfrac{\lambda}{g}$	α Winkel, unter dem ein Maximum erscheint k Ordnung des Maximums λ Wellenlänge g Mittenabstand der beiden Spalten	 m m
Beugung am Gitter	$\sin \alpha = k \cdot \dfrac{\lambda}{g}$	α Winkel, unter dem ein Maximum erscheint k Ordnung des Maximums λ Wellenlänge g Gitterkonstante	 m m

Elektromagnetische Wellen

Brechzahl eines Mediums	$n = \dfrac{c_0}{c_1} = \dfrac{\lambda_0}{\lambda_1}$	n Brechzahl c_0 Geschwindigkeit im Vakuum c_1 Geschwindigkeit im Medium λ_0 Wellenlänge im Vakuum λ_1 Wellenlänge im Medium	 $m \cdot s^{-1}$ $m \cdot s^{-1}$ m m
Ausbreitungsgeschwindigkeit einer elektromagnetischen Welle	$c = \lambda \cdot f$ $c = \dfrac{1}{\sqrt{\epsilon_r \cdot \epsilon_0 \cdot \mu_r \cdot \mu_0}}$	c Ausbreitungsgeschwindigkeit λ Wellenlänge f Frequenz ϵ_0 elektrische Feldkonstante μ_0 magnetische Feldkonstante ϵ_r Permittivitätszahl μ_r Permeabilitätszahl	$m \cdot s^{-1}$ m Hz $F \cdot m^{-1}$ $H \cdot m^{-1}$
Stehende Welle zwischen zwei reflektierenden Wänden	$l = k \cdot \dfrac{\lambda}{2}$	l Abstand der Wände k Anzahl der Maxima λ Wellenlänge	m m

Atomphysik

Bohr'sches Atommodell

Übergangsenergie	$W = \lvert W_1 - W_2 \rvert = h \cdot f$	h Planckkonstante	$J \cdot s$
		W Übergangsenergie	J
		W_1, W_2 Energien zweier stationärer Zustände	J
		f Frequenz der Strahlung	s^{-1}
Radius	$r_n = \dfrac{\epsilon_0 \cdot h^2}{\pi \cdot e^2 \cdot m_e} \cdot n^2$	r_n Radius der n-ten stationären Kreisbahn	m
		ϵ_0 elektrische Feldkonstante	$F \cdot m^{-1}$
		e Elementarladung	C
Energie	$W_n = -\dfrac{m_e \cdot e^4}{8 \cdot \epsilon_0^2 \cdot h^2} \cdot \dfrac{1}{n^2}$	m_e Masse des Elektrons	kg
		n Hauptquantenzahl	
		W_n Gesamtenergie des Elektrons auf der n-ten Bahn	J
Wellenzahl	$\dfrac{1}{\lambda} = R_H \cdot \left(\dfrac{1}{n^2} - \dfrac{1}{m^2}\right)$	λ Wellenlänge der emittierten Strahlung	m
		R_H Rydbergkonstante	m^{-1}
		n, m Hauptquantenzahlen ($m > n$)	

Photon

Energie	$W = h \cdot f$	W Energie des Photons	J
		h Planckkonstante	$J \cdot s$
		f Frequenz	s^{-1}
Masse	$m = \dfrac{W}{c^2}$	m Masse des Photons	kg
		c Lichtgeschwindigkeit	$m \cdot s^{-1}$
Impuls	$p = m \cdot c = \dfrac{h}{\lambda}$	p Impuls des Photons	$kg \cdot m \cdot s^{-1}$
		λ Wellenlänge	m
Lichtelektrischer Effekt	$W_k = h \cdot f - W_A$	W_k maximale kinetische Energie des Photoelektrons	J
		W_A Austrittsarbeit	J
Comptoneffekt	$\Delta\lambda = \lambda_C \cdot (1 - \cos\vartheta)$	$\Delta\lambda$ Wellenlängezunahme	m
	$\lambda_C = \dfrac{h}{m_e \cdot c} = 2{,}42 \cdot 10^{-12}\,m$	λ_C Comptonwellenlänge	m
		ϑ Streuwinkel	
		m_e Masse des Elektrons	kg

Materiewellen

de Broglie-Beziehung	$\lambda = \dfrac{h}{p} = \dfrac{h}{m \cdot v}$	λ Wellenlänge	m
		h Planckkonstante	$J \cdot s$
		p Impuls des Teilchens	$kg \cdot m \cdot s^{-1}$
		m Masse des Teilchens	kg
		v Geschwindigkeit des Teilchens	$m \cdot s^{-1}$

Heisenberg'sche Unbestimmtheitsrelation

Ort – Impuls	$\Delta x \cdot \Delta p_x \geq \dfrac{h}{2\pi}$	h Planckkonstante	$J \cdot s$
		Δx Ortsunsicherheit	m
		Δp_x Impulsunsicherheit	$kg \cdot m \cdot s^{-1}$
Energie – Zeit	$\Delta W \cdot \Delta t \geq \dfrac{h}{2\pi}$	ΔW Energieunsicherheit	J
		Δt Zeitunsicherheit	s

Kernphysik

Radioaktiver Zerfall

Zerfallsgesetz	$N(t) = N_0 \cdot e^{-\lambda \cdot t}$	$N(t)$	Anzahl der Teilchen nach der Zeit t	
		N_0	Anzahl von Teilchen zur Zeit $t = 0$	
	$T_{1/2} = \dfrac{\ln 2}{\lambda}$	λ	Zerfallskonstante	$s^{-1}, h^{-1}, d^{-1}, a^{-1}$
		$T_{1/2}$	Halbwertszeit	s, h, d, a
Aktivität	Für $\Delta t \ll T_{1/2}$	$A(t)$	Aktivität nach der Zeit t	$s^{-1} = Bq$
		$-\Delta N$	während der Zeit Δt zerfallene Kerne	
	$A(t) = -\dfrac{\Delta N}{\Delta t} = \lambda \cdot N(t)$	A_0	Aktivität zur Zeit $t = 0$	Bq
	$A(t) = A_0 \cdot e^{-\lambda \cdot t}$			

Natürliche Kernumwandlungen

α-Zerfall	$^A_Z K_1 \rightarrow {}^{A-4}_{Z-2} K_2 + {}^4_2 He\ (\alpha)$	A	Nukleonenzahl
		Z	Kernladungszahl, Protonenzahl
β^--Zerfall	$^A_Z K_1 \rightarrow {}^A_{Z+1} K_2 + {}^{\ \ 0}_{-1} e\ (\beta^-)$	K_1	Kern vor der Umwandlung
β^+-Zerfall	$^A_Z K_1 \rightarrow {}^A_{Z-1} K_2 + {}^{\ \ 0}_{+1} e\ (\beta^+)$	K_2	Kern nach der Umwandlung

Atomkern

Kernaufbau	$A = N + Z$	A	Nukleonenzahl	
	A = konstant: Isobare Atome	N	Neutronenzahl	
	N = konstant: Isotone Atome	Z	Protonenzahl	
	Z = konstant: Isotope Atome			
Massendefekt	$\Delta m = Z \cdot m_p + N \cdot m_N - m_K$	Δm	Massendefekt	kg
	$W_B = -\Delta m \cdot c^2$	m_p	Protonenmasse	kg
		m_N	Neutronenmasse	kg
		m_K	Kernmasse	kg
Mittlere Bindungsenergie je Nukleon	$\dfrac{W_B}{A} = \dfrac{\Delta m \cdot c^2}{A}$	W_B	Bindungsenergie	J
		c	Lichtgeschwindigkeit	$m \cdot s^{-1}$
		A	Nukleonenzahl	

Dosimetrie

Ionendosis	$J = \dfrac{Q}{m}$	J	Ionendosis	$C \cdot kg^{-1}$
		Q	erzeugte Ladung	C
		m	durchstrahlte Masse	kg
Energiedosis	$D = \dfrac{W}{m}$	D	Energiedosis	$J \cdot kg^{-1} = Gy$
		W	absorbierte Strahlungsenergie	J
Äquivalentdosis	$D_q = D \cdot q$	D_q	Äquivalentdosis	$J \cdot kg^{-1} = Sv$
		q	Qualitätsfaktor	

Qualitätsfaktoren	Strahlung	Qualitätsfaktor q
	Röntgen- und γ-Strahlen	1
	β-Strahlen	1
	α-Strahlen	15
	thermische Neutronen	2
	schnelle Neutronen	10

Tabelle 1: Wichtige Physikalische Konstanten

Atomistik

u	atomare Masseneinheit	$1{,}66055 \cdot 10^{-27}$	kg
m_e	Ruhemasse des Elektrons	$0{,}91095 \cdot 10^{-30}$	kg
m_p	Ruhemasse des Protons	$1{,}6726 \cdot 10^{-27}$	kg
m_n	Ruhemasse des Neutrons	$1{,}6749 \cdot 10^{-27}$	kg
m_H	Ruhemasse des Wasserstoffatoms	$1{,}6735 \cdot 10^{-27}$	kg
m_α	Ruhemasse des Alphateilchens	$6{,}6447 \cdot 10^{-27}$	kg
m_{He}	Ruhemasse des Heliumatoms	$6{,}6465 \cdot 10^{-27}$	kg
m_p / m_e	Massenverhältnis Proton/Elektron	1836	
r_0	Elektronenradius	$2{,}82 \cdot 10^{-15}$	m
r_H	Radius des Wasserstoffatoms	$52{,}92 \cdot 10^{-12}$	m
e	elektrische Elementarladung	$0{,}16022 \cdot 10^{-18}$	C = As
h	Planckkonstante	$0{,}66262 \cdot 10^{-33}$	Js
c_0	Lichtgeschwindigkeit im Vakuum	$299{,}7925 \cdot 10^6$	$m \cdot s^{-1}$
W_0	Ruheenergie des Elektrons	$81{,}872 \cdot 10^{-15}$	Ws
W_{p0}	Ruheenergie des Protons	$150{,}33 \cdot 10^{-12}$	Ws
R_H	Rydbergkonstante	$10{,}97 \cdot 10^6$	m^{-1}

Kinetische Gastheorie

L	Loschmidzahl	$0{,}602221 \cdot 10^{24}$	1/mol
V_{mol0}	Molvolumen eines idealen Gases bei 0 °C und 1013 mbar	$22{,}414 \cdot 10^{-3}$	$m^3 \cdot mol^{-1}$
N_A	Avogadrokonstante	$0{,}60221 \cdot 10^{24}$	mol^{-1}
T_0	absoluter Temperaturnullpunkt	0	K
ϑ_0	absoluter Temperaturnullpunkt	$-273{,}15$	°C
k	Boltzmannkonstante	$13{,}806 \cdot 10^{-24}$	$J \cdot K^{-1}$
σ	Stefan-Boltzmannkonstante	$56{,}697 \cdot 10^{-9}$	$W \cdot m^{-2} \cdot K^{-4}$
R	universelle Gaskonstante	$8{,}3143$	$J \cdot K^{-1} \cdot mol^{-1}$

Elektrik

ϵ_0	elektrische Feldkonstante	$8{,}8542 \cdot 10^{-12}$	$F \cdot m^{-1}$
μ_0	magnetische Feldkonstante	$1{,}2566 \cdot 10^{-6}$	$H \cdot m^{-1}$
Z_0	Wellenwiderstand des Vakuums	$376{,}7$	Ω
F	Faradaykonstante	$96{,}486 \cdot 10^3$	$C \cdot mol^{-1}$
e / m_e	spezifische Ladung des Elektrons	$0{,}17588 \cdot 10^{12}$	$C \cdot kg^{-1}$
e / m_p	spezifische Ladung des Protons	$95{,}791 \cdot 10^6$	$C \cdot kg^{-1}$

Mechanik

g	Fallbeschleunigung (Normwert)	$9{,}80665$	$m \cdot s^{-2}$
G	Gravitationskonstante	$6{,}6726 \cdot 10^{-11}$	$m^3 \cdot kg^{-1} \cdot s^{-2}$

Tabelle 2: SI — Basisgrößen und Basiseinheiten

Größe	Formelzeichen	Einheit	Einheitenzeichen	Größe	Formelzeichen	Einheit	Einheitenzeichen
Länge	l	Meter	m	Strom	I	Ampere	A
Masse	m	Kilogramm	kg	Temperatur	T	Kelvin	K
Zeit	t	Sekunde	s	Lichtstärke	I_v	Candela	cd

Tabelle 3: Vorsätze zu den Einheiten

Atto	Femto	Piko	Nano	Mikro	Milli	Zenti	Dezi	Hekto	Kilo	Mega	Giga	Tera	Peta
a	f	p	n	µ	m	c	d	h	k	M	G	T	P
10^{-18}	10^{-15}	10^{-12}	10^{-9}	10^{-6}	10^{-3}	10^{-2}	10^{-1}	10^2	10^3	10^6	10^9	10^{12}	10^{15}

Tabelle 4: Dichten ρ

Festkörperdichten in kg · dm^{-3}

Aluminium	2,7	Graphit	2,3	Platin	21,5
Backstein	1,8	Gummi	0,9	Porzellan	1,1
Beton	1,9 … 2,5	Holz, Buche	0,7	Quarz	2,3
Bitumen	1,4	Holz, Eiche	0,9	Sand, erdfeucht	1,8
Blei	11,3	Holz, Fichte	0,5	Schaumgummi	0,1
Chrom	7,1	Kochsalz	2,2	Schnee, pulvrig	0,1
Diamant	3,5	Koks	1,4	Schnellarbeitsstahl	7,9
Eis	0,9	Kork	0,2 … 0,3	Silber	10,5
Eisen	7,9	Kupfer	8,9	Silizium	2,4
Faserplatte	0,5 … 1,0	Lehm, nass	2,1	Steinkohle	1,3 … 1,5
Formsand, geschüttet	1,2	Lithium	0,53	Stahlguss	7,7
Germanium	5,4	Magnesium	1,7	Steingut	1,2
Gips	2,3	Marmor	2,7	Transformatorenblech	7,8
Glas	2,4 … 2,9	Messing	8,1	Walzstahl	7,7
Gold	19,3	Osmium	22,5	Zement	0,9 … 2,1
Granit	2,7	Papier	0,8 … 1,3	Zink	7,1

Flüssigkeitsdichten in kg · dm^{-3}

Benzin	0,73	Kalilauge	2,04	Transformatorenöl	0,90
Benzol	0,88	Meerwasser	1,02	Wasser (4 °C)	0,99997
Brom	3,12	Methanol	0,81	Wasser (20 °C)	0,99820
Dieselkraftstoff	0,84	Quecksilber (0 °C)	13,60	Wasser (40 °C)	0,99221
Eisen (1535 °C)	6,90	Salpetersäure	1,50	Wasser (60 °C)	0,98321
Ethanol	0,79	Salzsäure	1,64	Wasser (80 °C)	0,97180
Flüssiggas	0,58	Sauerstoff (−183 °C)	1,14	Wasser (100 °C)	0,95835
Glyzerin	1,26	Schwefelsäure	1,83	Wasserstoff (−253 °C)	0,071

Gasdichten bei 0 °C und 1013 hPa in kg · m^{-3}

Chlor	3,214	Kohlenmonoxid	1,250	Stickstoff	1,251
Erdgas	0,73 … 0,83	Luft	1,293	Wasserdampf (100 °C)	0,606
Helium	0,179	Propan	2,010	Wasserstoff	0,090
Kohlendioxid	1,977	Sauerstoff	1,429	Xenon	5,891

Tabelle 5: Astronomie und Gravitation

Erde

Fallbeschleunigung
Normwert $g = 9{,}80665$ m · s^{-2} ≈ 9,81 m · s^{-2}

Geographische Breite	0°	30°	45°	60°	90°
Fallbeschleunigung in m · s^{-2}	9,7805	9,7934	9,8063	9,8192	9,8322

Erdradius (mittl.)	6371 km	Masse	5,974·10^{24} kg
Große Halbachse	6378,2 km	Dichte (mittl.)	5,52 kg · dm^{-3}
Kleine Halbachse	6356,8 km	Dichte an der Oberfläche	3,6 kg · dm^{-3}
Solarkonstante	1,374 kW · m^{-2}	Dichte im Zentrum	17,2 kg · dm^{-3}

Mond

Fallbeschleunigung	1,62 m · s^{-2}	Entfernung v. d. Erde (mittl.)	384400 km
Radius	1740 km	Umlaufdauer um die Erde	27,322 d
Masse	7,34 · 10^{22} kg	mittlere Dichte	3,34 kg · dm^{-3}

Sonne

Fallbeschleunigung	273 m · s^{-2}	Dichte im Zentrum	134 kg · dm^{-3}
Radius	6,95 · 10^5 km	Druck im Zentrum	221 · 10^9 bar
Masse	1,98 · 10^{30} kg	Temperatur im Zentrum	14,6 · 10^6 K
mittlere Dichte	1,41 kg · dm^{-3}	Temperatur der Photosphäre	5800 K

Planetensystem

r mittlere Entfernung von der Sonne in 10^6 km, T Umlaufdauer um die Sonne in a, m Masse in 10^{24} kg
d Äquatorialdurchmesser in km, ϱ mittlere Dichte in kg · dm^{-3}, g Fallbeschleunigung in m · s^{-2}

	r	T	m	ϱ	d	g
Merkur	57,94	0,241	0,317	5,3	4840	3,6
Venus	108,27	0,615	4,869	4,95	12400	8,5
Erde	149,68	1,000	5,974	5,52	12742	9,82
Mars	228,06	1,881	0,639	3,95	6800	3,76
Jupiter	778,73	11,836	1900	1,33	142800	26
Saturn	1427,7	29,46	569	0,69	120800	11,2
Uranus	2872,4	84,02	87	1,56	47600	9,4
Neptun	4500,8	164,77	103	2,27	44600	15
Pluto	5914,8	248,43	5,377	4	14400	8

Nichtkohärente Einheiten für Länge und Zeit

Astronomische Einheit   1 AE = 149,68 · 10^6 km
Lichtjahr   1 Lj = 63,275 · 10^3 AE
                   = 9,460 · 10^{12} km

Parsec   1 pc ≈ 3,262 Lj
                ≈ 30,857 · 10^{12} km

1 siderisches Jahr = 365,256 d
1 Sterntag   = 0,99727 d

Tabelle 6: Atmosphärische Werte

Zusammensetzung der Luft in Bodennähe

	chemisches Symbol	Volumenanteil %	Masseanteil %
Sauerstoff	O_2	21,0	23,2
Stickstoff	N_2	78,1	75,5
Argon	Ar	0,9	1,3
Kohlendioxid	CO_2	0,03	0,05
Neon	Ne	$18,18 \cdot 10^{-6}$	
Helium	He	$5,24 \cdot 10^{-6}$	
Methan	CH_4	$2 \cdot 10^{-6}$	
Krypton	Kr	$1,14 \cdot 10^{-6}$	
Wasserstoff	H_2	$0,5 \cdot 10^{-6}$	
Stickoxyd	N_2O	$0,5 \cdot 10^{-6}$	
Xenon	Xe	$0,087 \cdot 10^{-6}$	

Verlauf der Atmosphäre:

Höhe in km	Luftdruck in hPa	Temperatur in K	Dichte in $kg \cdot m^{-3}$
0	1013,25	288	1,2497
1	899	282	1,13
2	795	275	1,03
3	701	269	0,93
4	616	262	0,86
5	540	256	0,75
11 Ende Troposphäre	226	217	0,37
15	121	214	0,193
20	56	214	$8,9 \cdot 10^{-3}$
30	12	225	$1,9 \cdot 10^{-3}$
40	2,9	268	$0,39 \cdot 10^{-3}$
50	0,97	276	$0,12 \cdot 10^{-3}$
100	$5,8 \cdot 10^{-4}$	230	$0,88 \cdot 10^{-9}$
150	$5 \cdot 10^{-6}$	450	$3,2 \cdot 10^{-12}$
200	$0,5 \cdot 10^{-6}$	700	$0,16 \cdot 10^{-12}$
250	$0,9 \cdot 10^{-9}$	800	$0,3 \cdot 10^{-15}$

Höhe der gleichmäßigen Normatmosphäre $h_0 = 7,33$ km

Gesamtmasse der Atmosphäre $5,30 \cdot 10^{18}$ kg
Normaldruck $p_0 = 1013,25$ hPa
Normaldichte $\varrho_0 = 1,293$ kg $\cdot$ m^{-3}

Tabelle 7: Reibzahlen μ

Stoffe, die aufeinander reiben		Haftreibzahl μ_0		Gleitreibzahl μ	
		trocken	geschmiert	trocken	geschmiert
Stahl	Stahl	0,15	0,12	0,12	0,08
Stahl	Bronze	0,2	0,1	0,18	0,06
Stahl	Holz	0,6	0,12	0,5	0,1
Stahl	Eis	0,03	—	0,014	—
Grauguss	Grauguss	0,3	0,2	0,28	0,08
Leder	Metall	0,6	—	0,48	0,15
Leder	Holz	0,5	—	0,4	—
Gummi	Metall	—	—	0,5	—
Bremsbelag	Stahl	—	—	0,5	—
Holz	Holz	0,6	—	0,5	—

Tabelle 8: Luftwiderstandszahlen c_w

Fahrzeugbauform	c_w		Körperform	c_w
PKW mit Keilform, Unterbodenverkleidung	0,2	→	Scheibe	1,1
PKW mit kleinem Abrissquerschnitt	0,23			
PKW, verkleidet	0,3 ... 0,45	→	Kugel	0,45
Omnibus mit Stromlinienform	0,3 ... 0,4			
Omnibus ohne Stromlinienform	0,6 ... 0,7	→	Tropfen ($l:d = 0,6$)	0,05 ... 0,1
PKW mit Pontonform	0,4 ... 0,55			
PKW mit Kastenaufbau	0,5 ... 0,6	→	Schale (Fallschirm)	1,4 ... 1,6
PKW mit offenem Kabriolett	0,5 ... 0,7			
Motorrad	0,6 ... 0,7	→	Halbkugel	0,3 ... 0,4
LKW, Lastzüge	0,8 ... 1,5			

Tabelle 9: Elastizitätsmodul E verschiedener Stoffe

Stoff	E in 10^9 N·m^{-2}	Stoff	E in 10^9 N·m^{-2}
Aluminium	72	Manganin	124
Beton	10 ... 40	Marmor	72
Blei	17	Messing	100
Celluloid	2,5	Molybdän	330
Stahl	210	Nickel	210
Federstahl	220	Platin	170
Glas	40 ... 90	Plexiglas	3
Gold	78	Porzellan	65
Granit	15 ... 70	Sandstein	4 ... 40
Gummi	0,0001 ... 0,005	Silber	79
Holz	10 ... 15	Silizium	98
Kalkstein	25 ... 70	Tantal	184
Keramik	0,3 ... 30	Titan	110
Klinker	27	Vanadium	130
Konstantan	163	Wolfram	370
Kupfer	124	Zink	90
Magnesium	42	Zinn	55

Tabelle 10: Dynamische Viskosität η von Flüssigkeiten und Gasen

Flüssigkeiten	η in 10^{-6} Pa·s bei 0 °C	bei 20 °C	Gase	η in 10^{-6} Pa·s bei 0 °C und 101,3 kPa
Aceton	395	322	Acetylen	9,5
Anilin	10200	4400	Ammoniak	9,3
Benzol	910	648	Argon	21,2
Chloroform	700	570	Chlor	12,3
Ethanol	1780	1200	Helium	18,7
Glyzerin	$1,21 \cdot 10^6$	$14,8 \cdot 10^6$	Kohlendioxid	13,7
Methanol	820	587	Kohlenmonoxid	16,6
Nitrobenzol	3090	2010	Krypton	23,3
Quecksilber	1685	1554	Luft	17,2
Rizinusöl	$2,4 \cdot 10^6$	$0,99 \cdot 10^6$	Neon	29,8
Schwefelkohlenstoff	433	366	Propan	7,5
Tetrachlorkohlenstoff	1350	970	Sauerstoff	19,2
Toluol	768	585	Stickstoff	16,5
Wasser	1792	1002	Wasserstoff	8,4

Tabelle 11: Werte zur Wärmelehre

Feste Stoffe	Längenausdehnungskoeffizient α in 10^{-6} K^{-1}	Spezifische Schmelzwärme q_s in 10^3 J · kg^{-1}	Wärmeleitfähigkeit λ in W · K^{-1} · m^{-1}	Spezifische Wärmekapazität c in J · kg^{-1} · K^{-1}
Aluminium	23,8	394	204	940
Beton	10	—	1,77	837
Blei	29	243	35	130
Chrom	8,4	134	69	460
CuSn-Legierung	17,5	—	46	380
CuZn-Legierung	18,5	167	105	390
Eis 0 °C	37	335	2,25	2090
Glas (Quarzglas)	0,5	—	0,81	830
Glaswolle	—	—	0,037	—
Gusseisen	10,5	125	58	500
Hartmetall K20	60	—	81,4	800
Hartschaum	—	—	0,04	—
Holz, trocken	30 ... 70	—	0,12 ... 0,21	1256 ... 1675
Kupfer	16,5	213	384	385
Messing	18,5	—	—	381
Paraffin	—	—	0,26	327
Sandstein	—	—	2,3	710
Stahl (Wolfram legiert)	11,2	—	26	420
Stahl X12CrNiBB	16	—	14	510
Ziegel, Schamotte	—	—	0,47	900

Flüssigkeiten	Volumenausdehnungskoeffizient γ in 10^{-3} K^{-1}	Spezifische Verdampfungswärme q_s in 10^3 J · kg^{-1}	Wärmeleitfähigkeit λ in W · K^{-1} · m^{-1}	Spezifische Wärmekapazität c in J · kg^{-1} · K^{-1}
Alkohol	1,1	854	0,17	2430
Benzin	1,1	419	0,13	2020
Dieselöl	0,96	628	0,15	2050
Öl	0,93	—	0,13	1800
Quecksilber	0,18	285	10	140
Wasser 0 °C	0,06	2502	0,56	4216
Wasser 20 °C	0,2	2454	0,60	4182
Wasser 100 °C	0,65	2257	0,67	4196

Gase	Volumenausdehnungskoeffizient γ in 10^{-3} K^{-1}	Siedetemperatur ϑ in °C	Wärmeleitfähigkeit λ in W · K^{-1} · m^{-1}	Spezifische Wärmekapazität c_v in J · kg^{-1} · K^{-1}	Spezifische Wärmekapazität c_p in J · kg^{-1} · K^{-1}
Ammoniak	3,77	−33	0,024	1560	2060
Helium	3,6663	−269	—	3180	5230
Kohlendioxyd	3,726	−78,5	0,016	630	820
Leuchtgas	3,67	−210	0,064	1590	2140
Luft	3,665	−193	0,026	716	1005
Sauerstoff	3,672	−183	0,026	650	910
Stickstoff	3,672	−196	0,026	740	1004
Wasserstoff	3,664	−253	0,18	1010	14240

Tabelle 12: Brechzahlen n (bei 20 °C, für Natrium-Licht)

Feste Stoffe		Flüssigkeiten		Gase (bei 0 °C und 1013 hPa)	
Stoff	n	Stoff	n	Stoff	n
Eis	1,310	Wasser	1,333	Sauerstoff	1,000270
Lithiumfluorid	1,392	Diethylether (Äther)	1,353	Stickstoff	1,000297
Flussspat	1,434	Ethanol	1,362	Kohlendioxid	1,000488
Polystyrol	1,588	(Äthylalkohol)		Luft	1,000291
Natriumchlorid	1,544	Propantriol (Glyzerin)	1,474		
Quarz	1,458	Benzol	1,501		
Cäsiumjodid	1,790	Zedernöl	1,505		
Acrylglas	1,51	Schwefelkohlenstoff	1,628		
Diamant	2,417				
Kronglas	1,51 bis 1,61				
Flintglas	1,75 bis 1,90				

Tabelle 13: Spezifischer Widerstand ρ und Temperaturkoeffizient α von metallischen Leitern bei der Temperatur $\vartheta = 20\,°C$

Werkstoff	ρ in $\frac{\Omega \cdot mm^2}{m}$	α in $\frac{10^{-3}}{K}$
Silber	0,0167	3,8
Kupfer	0,0178	3,9
Aluminium	0,0278	3,8
Magnesium	0,045	3,9
Wolfram	0,055	4,1
Zink	0,063	3,7
Nickel	0,08	3,7
Eisen	0,10	4,5
Platin	0,12	2,5
Quecksilber	0,958	0,9
Nickelin (CuNi30Mn)	0,40	± 0,15
Manganin (CuMn12Ni)	0,43	± 0,01
Konstantan (CuNi44)	0,49	± 0,04
NiCr8020	1,08	0,05
NiCr6015	1,11	0,1
NiCr20AlSi	1,32	—0,05

Tabelle 14: Spezifischer Widerstand ρ von Flüssigkeiten, schlechten Leitern und Isolatoren bei der Temperatur $\vartheta = 20\,°C$

Stoff	ρ in $\Omega \cdot cm$
Salzsäure 20%ig	1,3
Schwefelsäure 5%ig	4,8
Schwefelsäure 20%ig	1,5
Ethanol	10^6
Benzol	10^{18}
Transformatorenöl	$5 \cdot 10^{13}$
Gummi	10^{16}
Polyäthylen	10^{16}
Teflon	$> 10^{16}$
Paraffin	10^{18}
Glas	$10^{11} \ldots 10^{17}$
Porzellan	$10^{11} \ldots 10^{12}$
Glimmer	$10^{15} \ldots 10^{17}$
Polystyrol	10^{18}
Bernstein	$> 10^{18}$
Quarz	10^{19}

Der Temperaturkoeffizient ist negativ

Tabelle 15: Hallkonstanten und technische Hallgeneratoren für Messzwecke

Stoff	R_H in $m^3 \cdot C^{-1}$	Typ	Stoff	Leerlaufhallspannung U_{20} in mV bei I_s und 1 T	Steuerstrom I_s in mA
Kupfer	$-5,5 \cdot 10^{-11}$	FC 32	InAsP	130	100
Gold	$-7,4 \cdot 10^{-11}$	FC 34	InAsP	290	200
Silber	$-9,1 \cdot 10^{-11}$	RHY 17	InAs	300	60
Wismut	$-5,0 \cdot 10^{-7}$	RHY 18	InAs	150	35
Indium-Arsenid	$-1,0 \cdot 10^{-4}$	SV 110 III	InSb	800	25
Cadmium	$+6,0 \cdot 10^{-11}$	SV 110 II	InSb	1000	15
Zink	$+1,0 \cdot 10^{-10}$	SV 230 S	InAs	650	100

Tabelle 16: Permittivitätszahlen ε_r

Feste Stoffe		Flüssigkeiten	
Stoff	ε_r	Stoff	ε_r
Paraffin	1,8 bis 2,2	Petroleum	2,0
Teflon	2,0	Benzol	2,2
Hartgummi	2,5 bis 3,5	Tetrachlorkohlenstoff	2,2
Bernstein	2,8	Olivenöl	3,1
Eis	3,0	Brom	3,1
Hartpapier	4 bis 8	Fluorbenzol	5,5
Glas	5 bis 7	Propanon (Aceton)	21
Porzellan	6	Ethanol (Äthylalkohol)	21
Marmor	8,5	Methanol (Methylalkohol)	34
Polyethen	2,3	Nitrobenzol	36
Polystyrol	2,3 bis 2,8	Propantriol (Glyzerin)	41
Polyurethan	3,4	Wasser	80
Polyvinylchlorid	3,4 bis 4,0	Gase (bei 0 °C und 1013 hPa)	
Steatit	5	Stoff	ε_r
Glimmer	5 bis 8		
Phenolharze	8	Helium	1,000059
Titanate von:		Neon	1,000124
Magnesium	13	Argon	1,000504
Calcium	140	Sauerstoff	1,000486
Strontium	260	Stickstoff	1,000530
Barium	1500	Kohlendioxid	1,000986
Barium-Strontium	12000	Luft	1,000600
		Wasserstoff	1,000252
		Xenon	1,00124

Tabelle 17: Permeabilitätszahlen μ_r

Diamagnetische Stoffe		Paramagnetische Stoffe	
Stoff	μ_r	Stoff	μ_r
Antimon	0,999884	Eisenchlorid	1,003756
Quecksilber	0,999966	Nickelchlorid	1,001975
Gold	0,999971	Vanadium	1,00034
Silber	0,999974	Chrom	1,00028
Zink	0,999986	Platin	1,0002
Kupfer	0,999990	Lithium	1,00003
Wasser	0,999991	Aluminium	1,00002
Ethanol	0,999992	Luft	1,00000037

Ferromagnetische Stoffe*		Weichmagnetische Stoffe	
Stoff	μ_r	Stoff	μ_r
Eisen	250 bis 680	Hyperm 4	800— 8000
Kobalt	80 bis 200	Hyperm 5T	2000—35000
Nickel	280 bis 2500	Hyperm 52	12000—80000
Permalloy	8000 bis 100000	Hyperm 50T	500—50000
Supermalloy	100000 bis 900000	Hyperm 766	35000—90000
		Siferrit N28	2400— 4000
		Siferrit N27	2000— 6000

* Die Werte von μ_r sind von der Vorbehandlung abhängig.

Tabelle 18: Schallgeschwindigkeiten c

Gase (bei 0 °C)	c in m·s^{-1}	Flüssigkeiten	c in m·s^{-1}	Feste Stoffe	c in m·s^{-1}
Argon	308	Ethanol	1160	Aluminium	5104
Helium	981	Azeton	1190	Blei	1320
Kohlendioxyd	258	Benzin	1166	Buchenholz	3400
Leuchtgas	453	Benzol	1330	Eis (−4 °C)	3230
Luft	331	Öl	1450	Messing	3580
Sauerstoff	316	Quecksilber	1450	Stahl	5000
Stickstoff	378	Stickstoff (−200 °C)	900	Tannenholz	4200
Wasserstoff	1270	Wasser	1480	Zinn	2530

Tabelle 19: Akustische Messwerte

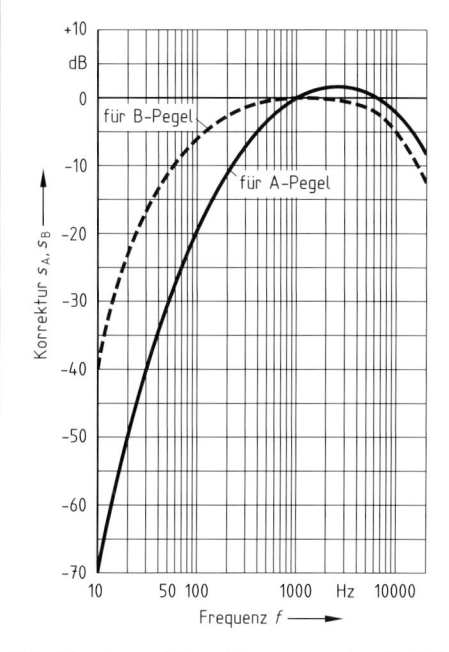

Schalldruckpegel-Korrekturen s_A und s_B für A-Pegel und B-Pegel

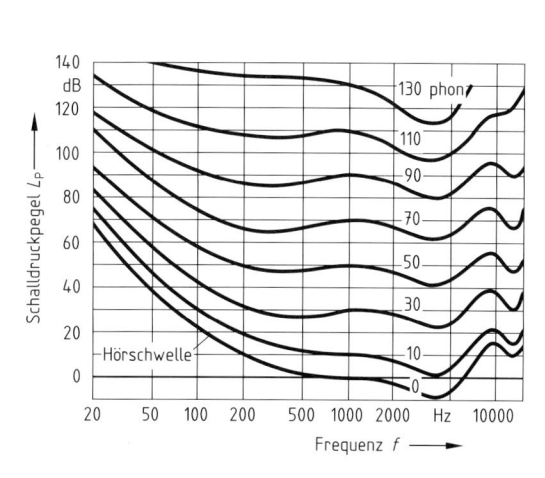

Kurven gleicher Lautstärkepegel für Sinustöne

Tabelle 20: Spektrallinien

Termschema des Wasserstoffatoms und Balmer-Serie

Term-Nr.	1	2	3	4	5	6	∞
Energie in 10^{-18} J	0	1,6340	1,9366	2,0426	2,0916	2,1182	2,1787
Energie in eV	0	10,20	12,03	12,75	13,06	13,22	13,60
Balmerserie:							
Frequenz in 10^{12} Hz	—	—	456,7	616,6	690,5	730,7	822,0
Wellenlänge in nm	—	—	656	486	434	410	365

Spektrallinien wichtiger Elemente

Element	Wellenlänge in nm	Element	Wellenlänge in nm
Cu	511; 515; 522; 578	K	404; 691; 694; 766
Hg	405; 436; 546; 579	Na	589; 591

Tabelle 21: Wichtige radioaktive Nuklide

Z   Ordnungszahl, Kernladungszahl;
$T_{1/2}$ Halbwertszeit;
A   Massenzahl;
W   Energie der Strahlung in MeV

Z	Element	A	Zerfallsart	$T_{1/2}$	W_{kin}	W_γ
1	H	3	β^-	12,3 a	0,018	
6	C	11	β^+	20,5 min	0,96	
		14	β^-	5730 a	0,16	
11	Na	22	β^+	2,6 a	0,5; 1,8	1,27
		24	β^-	15 h	1,4	2,75
15	P	32	β^-	14,3 d	1,7	
16	S	35	β^-	87,5 d	0,17	
19	K	40	β^-	$1,3 \cdot 10^9$ a	1,3	1,46
20	Ca	45	β^-	163 d	0,26	
26	Fe	59	β^-	45,1 d	0,5	1,1
27	Co	60	β^-	5,27 a	0,31	1,3
28	Ni	63	β^-	100 a	0,07	
30	Zn	65	β^+	244 d	0,33	1,12
35	Br	82	β^-	35,3 h	0,44	0,78
37	Rb	86	β^-	18,6 d	1,78	1,08
38	Sr	90	β^-	28,5 a	0,54	
39	Y	90	β^-	64,1 a	2,3	
42	Mo	99	β^-	2,8 d	1,23	
43	Tc	99	β^-	$2,1 \cdot 10^5$ a	0,3	
49	In	114	β^-	72 s	2,0	1,3
53	I	129	β^-	$1,6 \cdot 10^7$ a	0,2	0,04
		131	β^-	8,1 d	0,61	0,72
55	Cs	134	β^-	2,1 a	1,4	0,6
		137	β^-	30,2 a	0,5	0,66
57	La	140	β^-	40,3 h	2,2	1,6
58	Ce	141	β^-	32,5 d	0,44	0,15
61	Pm	147	β^-	2,6 a	0,22	
73	Ta	182	β^-	115 d	0,5	1,2
77	Ir	192	β^-	74 d	0,6	1,4
84	Po	209	α	102 a	4,88	
85	At	211	α	7,2 h	5,86	
86	Rn	222	α	3,8 d	5,48	0,51
87	Fr	223	α, β^-	22 min	5,3; 1,1	0,24
88	Ra	226	α	1600 a	4,8	0,18
89	Ac	227	α, β^-	21,8 a	4,9 0,05	
90	Th	232	α	$1,4 \cdot 10^{10}$ a	4,0	0,06
91	Pa	231	α	$3,2 \cdot 10^4$ a	5,0	0,3
92	U	234	α	$2,4 \cdot 10^5$ a	4,7	0,12
		235	α	$7 \cdot 10^8$ a	4,4	0,2
		238	α	$4,5 \cdot 10^9$ a	4,2	0,05
93	Np	239	β^-	2,3 d	0,7	0,3
94	Pu	239	α	$2,4 \cdot 10^4$ a	5,1	0,4
95	Am	243	α	7370 a	5,2	0,07
96	Cm	247	α	$1,6 \cdot 10^7$ a	4,9	0,4
97	Bk	247	α	1380 a	5,6	0,27
98	Cf	251	α	900 a	5,7	0,2
99	Es	252	α	470 d	6,6	0,78
100	Fm	255	α	20 h	7,0	0,08
101	Md	256	α	1,3 h	7,2	0,4
102	No	255	α	3,1 min	8,1	
103	Lr	256	α	26 s	8,5	
104	Ku	257	α	4,5 s	9,0	0,13

Tabelle 22: Natürliche radioaktive Zerfallsreihen

Z Protonenanzahl,   N Neutronenanzahl
Halbwertszeit: a Jahre,   d Tage,   h Stunden,   min Minuten,   s Sekunden
Bei verzweigten Zerfällen würden die Zerfälle, die zu weniger als 0,5% erfolgen, nicht berücksichtigt

a) Thorium-Reihe

N-Z \ Z	81	82	83	84	85	86	87	88	89	90	91	92
52								Ra 228 5,7 a	← β	Th 232 $1{,}4 \cdot 10^{10}$ a		
50									Ac 228 6,13 h	↓ β		
48		Pb 212 10,6 h	← α	Po 216 0,15 s	← α	Rn 220 56 s	← α	Ra 224 3,64 d	← α	Th 228 1,9 a		
46	Tl 208 3,1 min	← α ↓ β	Bi 212 60,6 min	↓ β								
44		Pb 208 stabil	← α	Po 212 $0{,}3\,\mu s$								

b) Uran-Radium-Reihe

N-Z \ Z	81	82	83	84	85	86	87	88	89	90	91	92
54										Th 234 24,1 d	← α ↓ β	U 238 $4{,}5 \cdot 10^9$ a
52											Pa 234 1,2 min	↓ β
50		Pb 214 26,8 min	← α ↓ β	Po 218 3,05 min	← α	Rn 222 3,8 d	← α	Ra 226 1600 a	← α	Th 230 $8 \cdot 10^4$ a	← α	U 234 $2{,}5 \cdot 10^5$ a
48			Bi 214 19,8 min	↓ β								
46		Pb 210 22 a	← α ↓ β	Po 214 $1{,}6 \cdot 10^{-4}$ s								
44			Bi 210 5,0 d	↓ β								
42		Pb 206 stabil	← α	Po 210 138,4 d								

c) Uran-Aktinium-Reihe

N-Z \ Z	81	82	83	84	85	86	87	88	89	90	91	92
51										Th 231 25,6 h	← α ↓ β	U 235 $7 \cdot 10^8$ a
49							Fr 223 22 min	← α ↓ β	Ac 227 22 a	← α β 98,8%	Pa 231 $3{,}3 \cdot 10^4$ a	
47		Pb 211 36,1 min	← α ↓ β	Po 215 1,8 ms	← α	Rn 219 3,9 s	← α	Ra 223 11,4 d	← α	Th 227 18,7 d		
45	Tl 207 4,8 min	← α ↓ β	Bi 211 2,15 min									
43		Pb 207 stabil										

Stichwortverzeichnis

(Kursive Seitenzahlen beziehen sich auf den Tabellenteil)

Abbildungsgleichungen 20
Absolute Temperatur 17
Aktivität *36*
Akustische Größen und Werte ... 32, *45*
Arbeit, mechanische 9
Astronomie *39*
Atmosphärische Werte *40*
Atomkern *36*
Auflagedruck 5
Auflagerkräfte 12
Auflösungsvermögen 21
Auftrieb 15
Ausbreitungsgeschwindigkeit 32, 33
Ausdehnung 17

Barometrische Höhenformel 15
Basiseinheiten, -größen *38*
Belastungskennlinie 23
Beleuchtungsstärke 21
Bernouilli'sche Gleichung 16
Beschleunigung 8
Beugung 34
Biegemoment 13
Blindwiderstand 26
Bohr'sches Atommodell 35
Boyle-Mariotte'sches Gesetz 15, 17
Brechungsgesetz 20
Brechzahl 34, *43*
Bremsweg 8
Brennweite 20
Bruchspannung 13
Brückenschaltung 23

Comptoneffekt 34
Coulomb'sches Gesetz 27
Cremonaplan 12

Dehnung 13
Dichte 5, *38*
Dopplereffekt 32
Dosimetrie *36*
Drehimpuls 11
Drehmoment 5
Drehzahl 9
Druckwandler 15

Effektivwert 25
Eigenfrequenz 26
Elastische Verformung 5
Elastizitätsmodul 13, *41*
Elektrische Arbeit 25
Elektrisches Feld 27
Energie im Kondensator 28
Energie in der Spule 30
Energiedichte elektr. Feld 27
Energiedichte magn. Feld 29
Energie, mechanische 10
Ersatzinduktivität 30
Ersatzkapazität 28
Ersatzwirkungsgrad 9
Erstarrungswärme 19
Erzeugerersatzschaltung 23

Fachwerk 12
Fadenpendel 32
Fahrwiderstand 6
Fallbeschleunigung 8
Festigkeitslehre 13
Flaschenzug 6

Freier Fall 8
Freiheitsgrad 19
Frequenz 31

Gasgesetz, allgemeines 17
Gemischte Schaltungen 23
Geschwindigkeit 7
Gewichtskraft 5
Gleitreibung 6
Gravitation 10, *39*
Grenzwinkel 20
Grundgesetz der Mechanik 8

Hagen-Poiseuille'sches Gesetz 16
Halleffekt 30, *43*
Hebelgesetz 5
Hohlspiegel 20
Homogenes Feld 27
Hubarbeit 10
Hydraulische Presse 15
Hydrostatischer Druck 15

Impuls 11
Induktionsgesetz 29, 30
Influenzladung 27
Innere Energie 19
Interferenz 34

Kapazität 27
Keil 7
Kepler'sche Gesetze 10
Kernaufbau *36*
Kinetische Energie 10
Kinetische Gastheorie 19
Kondensationswärme 19
Kondensator 27
Kontinuitätsgleichung 16
Kräfte 5
Kraft 28
Kraftstoß 11
Kraftwandler 15
Kreisbewegung 15
Kreisfrequenz 25, 32

Längenausdehnungskoeffizient 17, *42*
Lageenergie 10
Leistung, mechanische 9
Leistung, elektrische 25
Leitfähigkeit 22
Leuchtdichte 21
Lichtstrom 21
Linsen 20
Lorentzkraft 30
Luftwiderstand 16, *41*

Magnetisches Feld 29
Masse 5
Massendefekt *36*
Massenstromstärke 16
Massenträgheitsmoment 14
Materiewellen 35
Messgeräte 24
Mechanische Spannung 13
Molekülgeschwindigkeit 19
Momentanwert 25

Ohm'sches Gesetz 22
Optische Instrumente 21

Parallelschaltung 22, 26
Pendel 32
Periodensystem *49*
Permeablilitätszahl 29, *44*
Permittivitätszahl 27, *44*
Photon 35
Physikalische Konstanten 37
Plattenkondensator 28
Potenzial, elektrisches 27
Potenzielle Energie 10

Radioaktive Nuklide *46*
Radioaktiver Zerfall *36*
Reflexionsgesetz 20
Reibung 6, *40*
Reihenschaltung 22, 26
Rotationsenergie 10

Schalldruck 33
Schallgeschwindigkeiten *45*
Scheinleistung 25
Scheitelwert 25
Schiefe Ebene 7
Schräger Wurf 8
Schwingkreis 26
Schwingungen 32
Selbstinduktion 30
Spannenergie 10
Spannungserzeuger 23
Spannungsteiler 23
Spektrallinien *45*
Spezifischer Widerstand 22, *43*
Spiegel 20
Stabkräfte 12
Stempeldruck 15
Stoke'sches Gesetz 16
Stoß, elastisch, unelastisch 11
Strömungslehre 16

Temperatur 17
Totalreflexion 20
Trägheitsmoment 14
Transformator 31
Trieb, Riemen-, Zahnrad- 6

Umfangsgeschwindigkeit 9
Unbestimmtheitsrelation 35
Universelle Gaskonstante 17

Vergrößerungsfaktor 21
Verzögerung 8
Viskosität *41*
Volumenausdehnungskoeffizient .. 17, *42*
Vorsätze zu den Einheiten *38*

Wärmelehre 18, *42*
Wechselstromgrößen 25
Wellen, mechanische 33
Wellen, elektromagnetische 34
Wellenoptik 34
Widerstand 22
Winkelbeschleunigung 11
Winkelgeschwindigkeit 9
Wirkleistung 25
Wirkungsgrad 9
Wurf 8

Zeitkonstante 26, 28
Zentripetalkraft 9
Zerfallsreihen *47*

48